广东海洋大学教材建设基金资助

U0171258

海洋化学调查方法

梁燕茹　袁建斌　编　著

中国海洋大学出版社
·青岛·

图书在版编目（CIP）数据

海洋化学调查方法 / 梁燕茹，袁建斌编著 . —青岛：
中国海洋大学出版社，2023.8
ISBN 978-7-5670-3585-0

Ⅰ.①海… Ⅱ.①梁… ②袁… Ⅲ.①海洋化学—
调查方法 Ⅳ.① P714

中国国家版本馆 CIP 数据核字（2023）第 154468 号

海洋化学调查方法

出版发行	中国海洋大学出版社			
社　　址	青岛市香港东路23号		邮政编码	266071
网　　址	http://pub.ouc.edu.cn			
出 版 人	刘文菁			
责任编辑	丁玉霞		电　　话	0532-85901040
电子信箱	qdjndingyuxia@163.com			
印　　制	青岛国彩印刷股份有限公司			
版　　次	2023 年 8 月第 1 版			
印　　次	2023 年 8 月第 1 次印刷			
成品尺寸	185 mm × 260 mm			
印　　张	12.25			
字　　数	245 千			
印　　数	1 ~ 1300			
定　　价	39.00 元			
订购电话	0532-82032573（传真）			

发现印装质量问题，请致电 0532-58700166，由印刷厂负责调换。

前　言

　　海洋化学调查是海洋调查中非常重要的内容，是研究海洋、了解海洋必不可少的一个环节。编著者根据多年教学及实践经验，参考国内外最新研究进展编写了《海洋化学调查方法》。本教材从海洋调查发展简史、海洋观测平台、海洋水质调查、海洋大气化学调查、海洋沉积质化学调查、海洋调查规划与数据分析等方面系统介绍了海洋化学调查的基本内容和基本方法。目的是将海洋化学方面的知识汇总起来，方便非海洋类专业学生了解海洋化学调查方法及海洋化学调查的意义，拓宽学生视野。

　　本教材共有6章，编著分工如下：绪论、海洋水质调查、海洋大气化学调查、海洋沉积质化学调查、海洋调查规划与数据分析由梁燕茹完成；海洋观测平台由梁燕茹和袁建斌完成。

　　本教材的编著及出版得到广东海洋大学2020年规划教材（580320031）建设项目、广东海洋大学2020教改项目（580320095）、广东海洋大学2021课程建设项目（010301122102）、南海近岸水体中痕量拟除虫菊酯农药的分布特征（R19046）的资助，在此表示衷心的感谢。

　　由于编著者水平有限，书中不足之处在所难免，恳请读者批评指正。

目　录

1　绪论

教学目标

① 掌握海洋调查及海洋化学调查的基本概念。

② 掌握海洋调查的基本方法和科学意义。

③ 了解海洋调查发展简史，明白人类积累海洋知识的艰苦历程。

④ 了解中国古代在海洋科学上的成就，增强文化自信和民族自豪感。

⑤ 了解实践出真知的道理，以及实践在科学发展中的重要意义。

水是生命的摇篮，地球上海洋总面积约为3.6亿km^2，约占地球表面积的71%，平均水深约3 795 m。海洋中含有约13.5亿 km^{3}的水，约占地球上总水量的97%。保护海洋环境是人类共同的责任。

海洋调查是海洋科学研究的基础。海洋观测技术的不断发展进步，不仅直接促进海洋科学的重大发现，还会带来海洋科学研究的变革。

1.1　海洋调查发展简史

现代海洋科学的发展是伴随着海洋调查开始的，每次海洋科学的重大发现都主要依赖于海洋调查取得的重大成果。学习海洋调查简史，可以让我们了解海洋科学发展的过程，也是我们认知海洋科学发展的途径。海洋科学发展简史大致可以分为4个阶段。

1.1.1　早期的海洋活动

19世纪前，早期的海洋活动还处于对海洋的认知、对海洋知识的获取和积累时期，主要的海洋活动是航路的开辟和探索，还未出现有目的、专业化的海洋调查活动。

1.1.1.1　中国早期海洋活动

中国是世界上最早利用海洋的国家之一。古人早就从海洋中获取"鱼盐之利"和"舟楫之便"，与此同时也在不断地观察和认识海洋，积累了大量的海洋知识。

（1）捕鱼及航海活动

河姆渡人利用舟、筏载人渡物。中国的航海发展历史悠久，早在7 000年前，先民们已学会剖制木板，已具备制造木板船的条件。

捕渔已成为中国古代先民的重要生存手段，捕捞对象主要是鱼类和蚌等贝类。中国大汶口曾出土大量海鱼骨骼。在沿海和沿湖地区，渔猎生产活动以捕捞为主，以狩猎为辅。说明在4 000年以前，中国沿海先民已能猎取在大洋和近海之间洄游的中、上层鱼类，人们对海洋鱼类习性的认识已有一定的水平。

西周时期，我国已经通过海路，东与日本、南与越南有了海上往来。据文字记载，春秋战国时期居住在浙江、福建、广东等东南沿海地区的人们"以船为车，以楫为马，往若飘风，去则难从"。

西汉时期，已经开辟从太平洋进入印度洋的航线。据《汉书·地理志》记载，船从徐闻、合浦出发，行5个月到都元国（今马来半岛），又行4个月到邑卢没国（今缅甸沿岸），最后抵达黄支国（今印度）和已程不国（今斯里兰卡）。这条通往印度洋的远洋航路是当时世界上最长的航路之一。

唐代李淳风的《海岛精算》给出了求海岛之高与船的距离的方法，这对后世航图的测绘及航程的推算具有深远的影响。唐初开辟"广州通夷海道"，远洋航线延伸到了波斯湾及非洲东岸。我国最迟在唐朝末年已有测深的设备，一种是"下沟"测深，一种是"以绳结铁"测深，测深深度有60多尺（1尺≈0.33 m）。

设立航海贸易专门管理机构。唐玄宗开元年间（713—741年），广州即设有市舶司，市舶使一般由宦官担任。宋代（960—1279年）则先后在沿海12处设立市舶司，专门管理海外贸易。市舶司以广州、泉州和明州最大。泉州在南宋后期更是一跃成为世界第一大港和海上丝绸之路的起点。

郑和七下西洋，完成当时世界最大规模的航海创举。1405年7月11日，明成祖命郑和率领240多艘海船、27 400名船员编队下西洋。郑和宝船中的最大者长151.18 m、宽61.6 m。船有4层，船上9桅可挂12张帆，一艘船可容纳千人。一直到1433年，郑和一共远航了7次。航行船只穿越东海、南海、孟加拉湾、印度洋、阿拉伯海，访问了越南、文莱、泰国、柬埔寨、印度、马来西亚等30多个国家和地区，最远到达东非木骨都束（今摩加迪沙）、卜喇哇、麻林地（今肯尼亚马林迪）。《郑和航海图》详尽地记载了海洋地貌，比较准确地绘有中外岛屿846个，并分出岛、屿、沙、浅、石塘、港、礁、硖、石、门、洲等地貌类型。

（2）航海技术

北宋时，指南针应用于航海，推动世界航海文明的进步，曾公亮（998—1078年）在《武经总要》中载有制作和使用指南针的方法；沈括（1031—1095年）在《梦溪笔谈》中谈到磁学和指南针的问题。指南针经阿拉伯人传入欧洲，对欧洲的航海业乃至整个人类社会的文明进程，都产生了巨大的影响。

宋代的造船技术水平是当时的世界之冠。1078年，明州（今浙江省宁波市）造出两艘600 t以上"神舟"，广州制造的大型海舶木兰舟可"浮南海而南，舟如巨室，帆若垂天之云，舵长数丈，一舟数百人，中积一年粮"。南宋时代还出现了车船、飞虎战船等新式战舰。

（3）海洋著作

762—779年，窦叔蒙的《海涛志》面世。它是一部系统介绍潮汐的专著：讲述了海洋潮汐和月亮之间的关系；论述了海洋潮汐涨落的循环规律，叙述相当准确、科学。书中建立了一种科学且独具特色的推算高低潮时的图表法，也是世界最早的潮汐图解表。郑若曾（1503—1570年）撰的《筹海图编》中有地图114幅，其中《筹海图编·沿海山沙图》是迄今所见中国最早而又详备的沿海地图和海防图，有关沿海地理形势、明代海防部署、海防方略及海战器具均有叙述。

屠本畯的代表著作《闽中海错疏》（1596年），是一本地区性海洋水产动物志、共记载福建沿海海产动物200余种，以海产经济鱼类为主，包括大黄鱼、小黄鱼、带鱼、乌贼中国四大海产珍品以及驰名的对虾、鲥、鳓等海产动物。

1777—1781年，李调元撰写了海洋生物学专著《然犀志》；1807年，郝懿行撰写了海洋生物学专著《记海错》。

1.1.1.2　国外早期海洋活动

（1）古代航海

公元前2000—公元前1000年，腓尼基人曾利用太阳和行星的位置确定方位，开辟了从直布罗陀海峡远航大西洋的航线，发现了加纳利群岛；公元前6世纪，腓尼基人经过红海，进行了环非洲的航行；公元前5世纪，出现了以地中海为中心的地图；8世纪到11世纪，挪威人曾越过大西洋，发现了格陵兰和纽芬兰，在那里从事渔业活动。

（2）地理大发现

15世纪末至16世纪初，葡萄牙和西班牙为打破意大利对东方市场和海上航路的垄断，竭力开辟新的海上航路。1488年，葡萄牙航海家迪亚士沿非洲西岸航行，最先发现好望角，并绕过非洲南端进入印度洋。1497年，达伽马沿迪亚士开辟的航线继续东进，经非洲东海岸，于1498年到达印度，开辟了连接大西洋和印度洋的航线。

当葡萄牙人沿非洲海岸向印度探航时，西班牙航海家却朝另一方向开辟新航路。意大利航海家哥伦布受西班牙国王的资助，从1492年开始至1504年曾4次西航，到达美洲。1519年，葡萄牙人麦哲伦在西班牙政府资助下，率领船队作首次环球航行，从西班牙出发，渡过大西洋，于次年10月底经南美洲南端的海峡驶入西班牙。麦哲伦的环球航行，第一次证实了地圆说。16世纪，荷兰航海家巴伦支为探寻一条由北方通向中国和印度的航线，曾在北冰洋地区作了3次航行。

英国人库克从1768年到1779年，曾4次跨越大洋进行海洋地理考察。在1772—1775年，他首先完成了环南极航行，探索了南极冰圈的范围。库克是继哥伦布之后在地理学上发现最多的人，南半球的海陆轮廓很大部分是由他发现的。他在海上精确地测量经纬度，取得了有关表层水温、海流、大洋测深及珊瑚礁等的大量科学考察资料。

1.1.2　科学调查时期

从19世纪到20世纪50年代，海洋调查进入了专业化的科学调查时期，这一时期，以"挑战者"号为代表的众多海洋调查活动，取得了一系列海洋科学研究结果，也促进了现代海洋学的建立和发展。

1.1.2.1　第一次科学性海洋调查

"挑战者"号科学考察船是世界上最早的海洋调查船，是一艘由英国军舰改装而成的排水量2 300 t、带有蒸汽机辅助动力的帆船。受英国皇家学会资助，"挑战者"号于1872年12月至1876年5月在大西洋、太平洋和印度洋进行了环球科学考察。这次调查每200英里（1英里≈1.61 km）一停，系统地收集了海洋观测资料。在每个测站，运用在船侧放下测深索的方法测量了海底深度和不同水深处的温度；采集了水样，发现大洋盐类组成具有恒定性规律；用拖网采集了洋底岩石和深海海洋生物。这次调查的数据共有50卷，成果令世人惊叹。令人吃惊的是，这次调查发现大西洋中部的水深比两侧浅得多。这次考察采集了大量的海洋动植物标本和海水、海底沉积质样品，共有715个新属和4 717个新物种被发现，但却没有发现与在陆地地层找到的三叶虫相似的其他古代海洋生物物种。与陆地相比，海底沉积质种类也特别单调。

"挑战者"号调查取得的巨大成果，为海洋物理学、海洋化学、海洋地质学的建立和发展奠定了基础，成为以后50年所有走航调查的光辉典范。

1.1.2.2　相继开展的大型海洋科学考察

"挑战者"号环球海洋科学考察激起了西方各国海洋考察的热潮。

1873—1875年，美国"特斯卡洛拉"号（Tuscarora）在太平洋中考察了水深、水温、海底沉积质等。发现了特斯卡洛拉海渊（日本海沟的一部分）。

1874—1876年，德国"羚羊"号在大西洋、太平洋进行以海洋物理学为主的调查。

1877—1905年，美国"布莱克"号（Blake）和"信天翁"号（Albatross）在西印度群岛近海、印度洋、太平洋上进行以浮游生物、底栖动物以及珊瑚礁为主的调查。

1885—1915年，摩纳哥"希隆德累"号（Pirandello）、"普伦西斯·阿里斯"号（Prentiss Alice）等由赤道至北极圈的大西洋、地中海、北冰洋的海洋物理、海洋生物的观测中，发现了新的海洋生物和水温较高的摩纳哥海，获得了大西洋的表层海流图，出版了世界海深图，还发现了地中海深层水流向大西洋的现象。

1886—1889年，俄国"勇士"号在世界航行中调查了中国海、日本海、鄂霍次克海。

1889年，德国"国家"（National）号在北大西洋进行名为"浮游生物探险"的调查，挪威学者汉森进行浮游生物的垂直和水平分布量的研究。

1893—1896年，挪威人南森乘"弗拉姆"号在格陵兰、北冰洋进行横断闭合调查，取得了3项主要成果：阐明了"死水"现象的发生是内波作用所致；发现在深海海域，风向与表层流的流向不一致时，风海流较风向偏右30°～40°。厄克曼据此于1905年创立了著名的风海流理论；发现盐度较高的大西洋水潜入了北冰洋的中层。在这次调查后，1910年，南森发明了颠倒采水器，一直沿用至今。

1.1.2.3　统一调查方法

经过约20年大型海洋科学考察时期的海洋调查，暴露了海洋调查中存在的一些问题。例如，当时的调查都是分散进行的，调查方法不统一，给海洋资料交流带来了很大困难。因此，1901年，北欧诸国召开国际海洋研究理事会，研究统一的调查方法，之后，丹麦人克纽森制成供分析盐度的标准海水，并在挪威学者汉森等的帮助下，出版了海洋常用表。

1.1.2.4 第二次世界大战期间海洋调查进展

战争为海洋科学提供了一个飞跃发展的机会：为了战争需要，用声波探测敌人潜艇，进而用声波来探测太平洋底部，并发现了海底平顶海山。斯维尔德鲁普和蒙克在研究海浪对军舰安全作用时，顺便开发了计算海洋涌浪到达海滩的强度和时间的方法；为了研究温跃层对潜艇的影响，一些科学家开发了机械深海温度测量器，可用来测定声波定位仪的受限区域，也能测出季节性温跃层的分布。弗格里斯特与他在伍兹霍尔海洋研究所的同事，用这个设备跟踪墨西哥湾流的冷边缘，发现许多涡旋运动。

1.1.2.5 伟大科学成果——达尔文进化论问世

1831年12月27日，查尔斯·罗伯特·达尔文以博物学家的身份参加了英国海军"贝格尔"号舰环绕世界的科学考察。在航海过程中，他经常上岸采集标本，对捉到的每一种动物，从微小的昆虫到吃人的美洲狮虎，几乎都进行解剖。其中最受瞩目的则是在太平洋的加拉帕戈斯群岛。该岛位于太平洋东部的赤道上，是当今世界少有的珍禽异兽云集之地、奇花异草荟萃之所。这里的巨龟，即便是同一种类，因其生存的岛屿不同，甲壳的形状也各有差异。大蜥蜴是闻名遐迩的史前爬虫类动物鬣蜥，7种不同的鬣蜥都有明显的差异，它们通过发育不完全的蹼足适应了海上生活方式。所有鸟类都是偶然从南美洲飞抵这里的古老品系的后代，由于栖息的生态环境不同，从而进化成体形大小、鸟喙形状、羽毛颜色、声音、饮食和行为等方面各有不同的13个品种。在旅途中，达尔文还考察了各种地质现象，他看到了正在升起的南美大陆和科迪勒拉山系；他在奇洛特岛见到了同时引发另两座火山爆发的奥索诺火山爆发。这一切带给达尔文的感受是，这个世界上，一切皆流，一切皆变。除了物质、能量和信息的运动外，没有任何永恒的事物。经过5年多的环球科学考察，达尔文最后于1836年10月2日返抵英国。他终于相信：世界并非是在一周内由上帝创造出来的，亚当和夏娃的故事根本就是神话。至于人类，可能是由某种原始的动物转变而成的。达尔文领悟到生存斗争在生物生活中的意义，并意识到自然条件就是生物进化中所必须有的"选择者"。1859年，达尔文发表了震动当时学术界的《物种起源》，沉重地打击了神权统治的根基，从根本上推翻了"神创论"。

1.1.3 20世纪50年代之后的海洋调查进展

20世纪50年代末以来，海洋科学在全世界范围内向深度和广度发展。海洋调查船增多、调查仪器装备更加先进，调查方式向立体化发展，大型调查计划的实施取得了丰硕成果，海洋科学进入高速发展期。

1.1.3.1 船基海洋调查迅猛发展

海洋调查船是用于海洋科学考察、应用技术研究以及测量或勘探等船舶的统称。海洋调查船是进行海洋调查与研究的重要平台和必要工具。利用海洋调查船作为平台，使用仪器设备和正确的观测方法，获取海洋环境数据的技术，是海洋科研能力建设的重要组成部分。调查船的整体性能和技术装备水平直接影响一个国家海洋事业的发展。目前，全球共有40多个国家拥有近千艘海洋调查船。其中美国最多，其次为日本、俄罗斯，其他拥有海洋调查船的国家还包括中国、德国、英国、法国、挪威、西班牙、荷兰等。

（1）船上实验室采用模块化设计

由于科考任务不断增加，一些国家新的科考船配置更多、更为精良的船载探测设备，科考船逐渐向多功能化、大型化方向发展。俄罗斯2012年建成并投入使用的"特列什尼科夫院院士"号调查船，排水量16 800 t，该船设计有8个现代实验室模块，可针对不同任务进行替换，船上装备大量现代化科考测量设备，可保障海洋学、地球物理学、气象学、海冰等大范围研究。日本的新"白濑"号调查船排水量12 700 t，该船将物资运输、装载直升机和海洋观测多种功能融为一体，配备新型海洋观测器、多波段回声探测器，也有海洋、大气科学、地球物理和生物等多个实验室。英国使用的"詹姆士库克"号排水量也有5 800 t，适用于多个海域的调查研究，船上设有8个集装箱型模块化实验室，分别从事不同领域的研究，可根据不同研究任务在后甲板搭载相应模块。

（2）动力系统采用以柴油机为发电机的电力推进系统

国外海洋科考船的动力系统多采用以柴油机为发电机的电力推进系统，尤其是近期新建船。如美国"斯库里奥克"号调查船采用柴电推进系统，有4个柴油发电机组，持续功率4 290 kW。采用电力推进，一方面便于船舶总体的灵活布置，且噪声较小；另一方面兼顾了海洋考察船动力定位系统的要求。

（3）新建海洋调查船大部分采用良好的动力定位技术

海洋调查船虽然对高航速没有太高要求，但受海洋风、浪、流等复杂环境的影响。为便于进行数据采集、深潜器布放等作业，通常需要动力定位技术辅助定位，因此对动力定位的技术要求较高。这一时期，欧美众多海洋调查船均安装动力定位系统，这种系统无须借助锚泊系统即可不断自动检测船舶实际位置与目标位置的偏差，再根据风、浪、流等外界扰动力的影响，计算出使船舶恢复到目标位置所需推力的大小，并对船舶中各种推力器进行推力分配，进而使各推力器产生相应推力，使船舶尽可能地保持在海平面上要求的位置，为数据采集、深潜器布放等提供更好的海洋调查作业环境。

（4）新服役或新建的海洋调查船开始装备无人作业工具

许多调查船都已经装备无人潜航器，并应用最新的计算机和人工智能技术，智能化程度高。无人潜航器布放之后可在水下独立执行探测任务和识别水下目标，进行取样，完成各种人力无法胜任的水下环境目标数据采集。未来，调查船无人潜航器将能执行更为复杂的工作，在环境发生难以预料的变化时，还能够自行调整，克服障碍。新一代无人潜航器减少了通信和人员监控需求，采用导航和通信中继可进行多个无人潜航器协同作业，增强对水下环境的感知能力。此外，美国还开始在调查船上应用无人机进行海洋气象、海冰观测等。如美国斯克里普斯海洋研究所在"罗杰雷维尔"号调查船应用"扫描鹰"无人机，测量海面风速、波高、水蒸气等，进行海上大气观测。

（5）装备功能齐全的探测设备，实现综合作业功能和多用途化

目前，国外海洋调查船普遍装备了用于对大气边界层、海-气界面气象进行探测的大气剖面仪等大气探测设备，用于对海洋生态环境参数进行探测的温度传感器、盐度传感器、电导率传感器、溶解氧传感器、声学多普勒流速剖面仪等海洋生态环境探测设备，用于对海洋资源、海底地形地貌进行探测的鱼探仪、超短基线定位系统、多波束探测系统、分裂波束探测系统、浅层剖面仪、海底照相、可视多管采样器等海底探测与取样设备，用于对重力、磁力、地震进行探测的重力仪、磁力仪、地震仪等地球物理设备，从而使其实现对海洋水文气象、海洋生物与渔业资源、海洋地质地貌、海洋地球物理等的综合作业功能和多用途化。

（6）信息联通水平不断提升，支撑海量调查数据共享与应用

国外海洋调查船信息联通水平不断提升，从20世纪90年代只能通过卫星向岸基传输语音数据，发展到21世纪初可实现与岸基实时收发电子邮件并进行有限的调查数据交换，再到目前能够实时传输大型视频数据。为支撑海洋调查数据的传输与共享，传输方式从20世纪90年代的"单向"发展为目前的"双向"，借助铱星系统，数据传输速率更是从20世纪90年代16 000 bit/d，急速发展到24 000 bit/d。此外，美国正加紧构

建海上跨平台网络传输体系，提升海量调查数据异地备份与处理以及岸基备份与处理等功能。

截至2023年年初，据不完全统计，我国已有100多艘装备先进的海洋调查船，其中包括2023年1月12日正式交付使用的全球首艘智能型无人系统科考母船"珠海云"。该船是全球首艘具有自主航行功能和远程遥控功能的智能型海洋科考船，主体设备国产率高，动力系统、推进系统、智能系统、动力定位系统以及调查作业支持系统均为我国自主研制。

1.1.3.2 先进仪器和装备

海洋仪器是观察和测量海洋现象的基本工具，可用于采样、测量、观察、分析和数据处理。随着海洋科学技术的发展，更多先进的海洋调查仪器和设备被用于海洋调查和观测，使海洋调查数据精确度大幅度提高，数据处理能力增强。

（1）海洋物理要素观测仪器

海洋物理要素观测仪器通常按所测项目分类，如测温仪器、测盐仪器、测水位仪器、测波仪器、测流仪器、测量海洋水声参数仪器、测量海水光学参数仪器。20世纪60年代以前，观测海水温度用颠倒温度计、机械式深温计（BT），观测盐度用滴定法，观测压力用机械式深温计。船只走航测温常用投弃式深温计（XBT）。空中遥感观测海水温度则用红外辐射温度计。岸边潮汐观测使用浮子式验潮仪，外海测潮采用压力式自容仪，大洋潮波的观测依靠卫星上的雷达测高仪。海浪观测仪器的种类比较繁杂，有各种形式的测波杆，压力式、光学原理的测波仪，超声波式测波仪。近年用得较多的是加速度计式测波仪。海流观测相当困难，或用仪器定点测量，或用漂流物跟踪观测。定点测流是海洋观测中常用的办法，所用仪器有转子式海流计、电磁式海流计、声学海流计等，其中最常用的是转子式海流计。测量海洋水声参数的仪器主要有声速仪和激光干涉式水听器等，前者用以观测声波在海水里的传播速度，后者可以观测海洋环境噪声等。测量海水光学参数的仪器有透明度计和照度计，用以观测海水对光线的吸收和海洋自然光场的光照度。

（2）海洋化学要素观测仪器

海洋观测中所用的化学仪器，主要用来测定海水中各种溶解物的含量。20世纪60年代以前，除少数几项可在船上用滴定管和目视比色装置完成外，大部分项目要保存样品带回陆上实验室分析。20世纪60年代以后，调查船上逐渐采用船用pH计、溶解氧测定仪以及船用分光光度计和船用荧光计。近年来船用单项化学分析仪器与自动控制装置相结合，形成船用多要素的自动测定仪器。这种综合仪器还可配备电子计算机，提高其自动化程度。

（3）海洋生物观测仪器

海洋生物种类繁多，从微生物、浮游生物、底栖生物到游泳动物，均有相应的观测仪器。海水中的微生物需采样后进行研究，采样工具有佐贝尔采水器、复背式采水器和无菌采水袋；浮游生物采样器主要有浮游生物网、浮游生物连续采集器和浮游生物泵等；底栖生物采样使用海底拖网、采泥器和取样管；游泳动物采样依靠渔网，观察鱼群使用鱼探仪。海洋初级生产力的观测，除利用化学仪器测营养盐，利用光学仪器测定光场强度之外，还用荧光计测定海水中的叶绿素含量。为了观察海洋生物在海洋中的自然状态，需要利用水中摄像机，有时还得使用深潜器。深潜器可使人们在海底停留较长时间，是观察海洋生物活动状况的良好设备。

（4）海洋地质及地球物理观测仪器

底质取样设备是最早发展的海洋地质仪器，分表层取样设备与柱状取样设备两类。表层取样设备又称采泥器，有重力式采泥器、弹簧式采泥器和箱式采泥器，其中箱式采泥器能保持沉积质原样。底质柱状采样工具有重力取样管、振动活塞取样管、重力活塞取样管、自返式取样管和水下浅钻。结合底质取样，还可进行海底照相。回声测深仪是观测水深、地貌和地层结构最常用的仪器，又称地貌仪，安装在船壳上或拖曳体上，可以观测海底地貌。回声测深仪的原理是利用声波在海底沉积质中的传播和反射测出地层结构。海洋地球物理仪器有重力仪、磁力仪和地热计等。重力仪是根据自由下落原理或者对称自由运动原理设计而成的，具有高精度、高稳定性、漂移小等特点，被广泛应用于地球重力场的测量、地壳形变观测、重力勘探等方面，在军事上也有重要用途。磁力仪的主要用途是进行磁异常数据采集以及测定岩石磁参数，从20世纪至今，磁力仪经历了从简单到复杂的发展过程。地热计结构比较简单，将热敏电阻安放在钢质探针的顶端，靠重力作用沉入海底，便能测出海底沉积质的温度。

（5）先进的配套设施

高时效海洋资料集成与海洋监测系统逐步完善（图1.1）。综合监测结果的数值模拟可以用来检验有限观测数据在更大范围的分布特征。

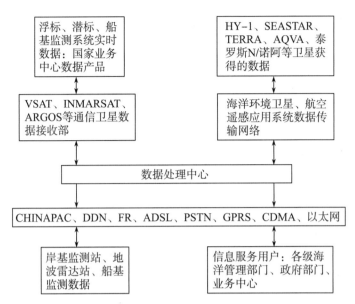

图1.1 高时效海洋资料集成与海洋监测系统

1.1.3.3 取得的重大成果

（1）全新生态系统的发现

1964年6月5日，"阿尔文"号载人深潜器（长度不超过7 m，设计下潜深度2 440 m）问世。"阿尔文"号内有一个直径约2米的铁合金载人球舱，可同时搭载一名潜航员和两名科学家。通过球舱上的观察窗，科学家可以身临其境，充分了解海底地质、地形特征或对微小生物进行观察和取样。

1979年1月，"阿尔文"号载人深潜器在加拉帕戈斯群岛下潜到水深大于3 000 m的海底时，发现了一字排开的巨大黑"烟囱"——海底热液喷泉。这些"烟囱"一般高2～6 m，最高达40 m。从"烟囱"里不断冒出黑水来，黑水的温度高达350 ℃，其中夹杂硫化铜、硫化银、硫化铅等物质，这些物质一碰到海水后就冷却下来，继之形成黑"烟囱"。

把黑"烟囱"切断看，边上一圈一圈的黑色结块是由不同时间的硫化物固结而成的。令人奇怪的是，在这沸水周围，竟是生物生活的"殿堂"：生活着30 cm甚至更长的大型蛤类、2～3 m长的管状蠕虫和密集的罗希虾。

如此多的大型蛤类聚集在高温、巨大深度和极端黑暗的地方，这一特殊生命现象，使海洋生物学家感到巨大的震撼：为什么能在如此深度、完全缺少阳光的环境里繁殖如此多的生物？是什么营养物质能使这些生物长得如此茁壮？以前人们总认为，所有形式的生命都要依赖光合作用，依赖有阳光参与的新陈代谢过程。即使是生活在海洋深处阴暗角落的海参，也依赖于从有阳光照射的海洋表面沉降下来的有机物质生存。但是在热液喷泉口地带，动物群落却能依靠化能营养的方式生存，即化学合成有机质，如嗜硫细菌氧化硫化氢，并从中获得能量。于是，部分学者提出生命的起源很可能与深海中的热泉生态系统有关，并由此为地球上生命的起源提出了一个新的观点。

（2）板块构造理论问世

20世纪60年代，美国斯克利普斯海洋研究所在太平洋上测量洋底岩石中剩余磁性，发现岩石中磁性条带的东西宽度仅有几十到几百千米，而南北方向却长达数千米。并且以洋中脊作为对称线，两边磁性条带的磁化强度和宽度呈对称分布。洋中脊的岩石地质年龄最新，离开洋中脊越远，岩石年龄越老。

洋中脊处热流最高，而大洋边缘海沟内热流只有洋中脊的1/10。据此，H.H.赫斯（Harry Hess）提出了"海底扩张说"：新的洋壳沿着洋中脊轴部产生，因此这里的地壳是最年轻的，也是最热的。新的地壳物质在上升过程中不断将老的洋壳推向两边，形成两条巨大的、方向相反的地质传送带，将地壳从它产生的地方运移出去，运移速度每年为1~5 cm。

1965年，加拿大人威尔逊进一步提出"板块构造学说"。认为地球的地壳是由几十个板块组成的，其中最基本的是六大板块，即太平洋板块、欧亚板块、印度洋板块、美洲板块、非洲板块和南极板块，这些板块处在不断运功和碰撞中。"板块构造学说"的提出，使大洋中的许多地质现象都有了合理的解释：解释了地震和火山喷发的区域为什么在板块边缘；预测了生物相关种属的分布和演化模式；正确地推测出海底循环的可能途径和这种循环引起的海水化学性质的改变。在热液喷泉口的化学合成地区，板块构造理论甚至可以解释生命的起源问题。

1.1.3.4　国际大型调查研究计划

随着对海洋的深入了解，传统的、针对局部区域进行的调查方法，已无法满足许多重要海洋过程在时空尺度上的演变和影响。随着卫星遥感技术、水声探测技术、雷达探测技术、各种观测平台技术、传感器技术、通信技术（包括水声通信技术）和水下组网技术的进步，海洋观测技术向自动、实时、同步、长期连续观测的方向发展，利用多平台集成、多尺度、高分辨率观测技术，形成了从空间、水面、水下到海床的立体观测。

（1）大型合作计划

目前正在实行或已经结束的全球性的海洋调查和研究合作计划有全球海洋观测

系统（GOOS）、全球气候观测系统（GCOS）、全球综合地球观测系统（GEOSS）、气候变率及可预报性计划（CLIVAR）、世界气候研究计划（WCRP）、全球珊瑚礁监测网络（GCRMN）、国际地圈-生物圈计划（GBP）、全球叶绿素网络计划（CHLOROGIN）等；针对天空和大气以及海-气界面的合作计划包括全球卫星云气候学计划（ISCOP）、全球大气观测计划（GAW）、全球海洋通量联合研究计划（JGOFS）、全球随机船计划（SOOP）、全球志愿船观测计划（VOS）等；针对海表及水下数据获取的合作计划包括全球海平面观测系统（GLOSS）、海表低气压研究计划、全球自沉浮式剖面探测（Argo）浮标观测计划、全球温盐剖面计划（GTSPP）等；针对海陆交界数据获取的合作计划包括世界气象组织全球观测系统（GOS）、海岸带海陆相互作用研究计划（LOICZ）；针对海底数据获取的合作计划包括国际大洋钻探计划（IODP）、海王星计划（NEPTUNE）等。国际海洋资料获取已实现了从早期以科学研究或军事等为目的的单一学科要素海洋调查，向多学科综合型海洋资料获取模式的转变，要素丰富、全时空覆盖的全球数字海洋数据获取体系已然呈现。

（2）全球海洋调查向业务化观测和精细化方向发展

自20世纪中期起，世界海洋国家相继开展了双边/多边联合调查活动，如热带海洋与全球大气研究计划（TOGA）、世界海洋环流实验计划（WOCE）等。在特定时间和区域联合开展有针对性的资料调查，调查活动要求配合度高，且活动结束后资料获取亦不再更新。近些年来，各国和国际社会持续开展了一系列局部精细化调查活动，如热带大气海洋/跨洋三角形浮标观测网（TAO/TRITON）、全球热带大洋锚系浮标观测阵（GTMBA）、热带印度洋浮标阵列（RAMA）等。世界各国将视线逐步聚焦在海洋数值计算与模型预测方法领域，研究制作不同时空分辨率、不同时间尺度、不同空间覆盖范围，长期连续、高精度的网格化计算和预测结果，将其作为实测数据的补充。

（3）海洋资料步入整合集成和综合管理的新时期

1）国际组织和国际海洋计划越来越重视全球海洋资料的整合和集成。全球已建立了海洋数据获取系统（ODAS）、海洋数据门户（IODE）等海洋资料和元数据综合系统，在集成现有局地和区域海洋观测系统的基础上，发展综合的海洋资料和信息管理系统。世界主要海洋国家纷纷设立或指定专门的部门/机构负责组织协调本国和全球海洋资料的收集、整合集成和综合管理工作，诸如美国国家海洋和大气管理局（NOAA）、欧洲的中尺度天气预报中心（ECMWF）、日本的气象厅（JMA）、加拿大的海洋与渔业部、法国的海洋开发研究院等。

2）国际海洋资料共享规则悄然转变。国际组织和国际计划一直致力于全球海洋资料的公开共享，但世界各国出于对本国信息安全和其他因素的考虑，纷纷制定了本国的海洋资料管理制度及数据管理和交换共享服务政策、策略和体系，导致海洋数据资源分散、开发利用程度低以及全球海洋资料全面共享进展缓慢等。国际组织也逐渐意识到此类问题，调整了海洋资料共享服务政策并采取了一些行动。2012年，世界气象组织与联合国教科文组织政府间海洋学委员会（WMO/IOG）海洋学和海洋气象学联合技术委员会（JCOMM）第四次大会提出新的全球海洋气候数据系统（MCDS）未来10年发展规划，该系统将在全球范围建立约10个全球海洋和海洋气候资料中心（CMOC）组成镜像网络，旨在整合集成全球所有的海洋和海洋气象资料及信息，并在合作框架下实现数据交换与共享。

3）国际海洋资料标准逐步统一。近年来，全球海洋资料获取和共享交换逐步呈现出互利合作、多方盈利的新局面，世界海洋国家及相应的海洋计划为适应新形势和新要求，正在逐步统一海洋资料采集、处理、管理、传输等技术标准。海洋学和海洋气象学联合技术委员会（JCOMM）适时发起了海洋数据标准（ODS）示范计划，旨在通过制定统一的国际海洋资料标准以促进全球海洋资料和信息的便捷共享。2012年推出的CMOC建设目标，也明确要求采用统一的海洋资料标准。

1.2　海洋调查施测方法

海洋调查内容丰富，调查内容和调查目的决定着调查方法和仪器的选择，针对不同的调查内容，选择恰当的施测方法是海洋调查取得成功的前提和保障。很多时候，根据实际的调查工作，需要有针对性地实施调查计划。海洋调查施测方法大致分为定点观测、动态观测、船只观测。

1.2.1　定点观测

定点观测是指在某一调查海区布放固定观点平台进行的观测。定点观测的观测对象为基本稳定的海岸线、海底地形和地质分布，以及缓慢变化的大尺度的湾流、黑潮等。过去利用传统的浮标、潜标这种系留式平台，可实现海表层或海水中的定点观测，现代又发展成沿系留缆垂直上下移动的系留式升降平台，可实现定点垂直剖面观测。此外，还有海床基这种固定式平台，实现的是海底定点观测。

1.2.2 动态观测

动态观测是利用多平台对海洋各要素变化进行的随机观测。现代大量涌现的移动式平台包括拖曳式、自主式潜水器、水下滑翔机、漂流浮标等，实现自动或随动的水平扫描、垂直扫描或者任意形状扫描式的观测。观测对象主要是显著变化的中尺度涡旋、近海区域性水团、迅变的小尺度海洋锋、瞬变的湍流运动和对流过程等。

1.2.3 船只观测

（1）大面观测

大面观测即在调查海区设置若干能够覆盖这个区域的观测站，隔一定时间做一次巡回观测。每次观测应该争取在最短的时间内完成，以保证资料具有较好的"同时性"，即观测资料是表征同一时间的分布特征。海洋中所有环境特征参数，例如水文参数、气象参数、物理参数、化学参数、地质参数和生物参数等，都不是独立存在的，而是彼此相关的。海洋环境特征参数代表一个运动的、不断变化的"场"的特征。在没有遥感和航测的情况下，使用船只进行大面观测，以保证准确知道这个场的分布和变化情况。为此，一般船只到站不抛锚（流速大时例外），一次性观测完成后，即向下一站航行，以缩短观测时间。观测时的测点称为"大面观测站"。观测对象一般是外海、大洋海域等环境特征参数变化缓慢的海域。

（2）断面观测

在调查海区内设置由若干个具有代表性的测点所组成的断面线，沿此线由表到底进行的季度观测即属于断面观测。这是为进一步探索该海区各种海洋要素的逐年变化规律所采用的一种观测方式。季度观测，即在冬、春、夏、秋的代表月2月、5月、8月、11月各进行一次水文、化学和生物要素的观测，至少要进行冬、夏两季代表月的观测。每次都要在既定测点上观测。目的是对测区的主要海洋现象实施长期调查观测，以了解和掌握其相互关系和变化的基本规律，为海洋生产、科研、军事、预报和环境保护等部门提供海洋基础资料。

（3）连续观测

连续观测是为了解水文（特别是海流）、气象、生物活动和其他环境特征的周日变化或逐日变化情况所采用的一种调查方式。在调查海区选择具有代表性的某些测点，按规定的时间间隔连续进行25 h以上的观测，观测项目包括海洋水文要素（海流、海浪、水温、盐度、水色、透明度、海发光、水深）、海洋气象要素、海洋生物要素、海洋化学要素等。观测时的测点称为"连续观测站"。

（4）辅助观测

辅助观测，又称随机观测，是为弥补大面观测的不足，利用渔船、货船、客船、军舰和海上平台等，按统一时间就地进行的海洋学观测。辅助观测的目的是获得较多的同步海洋观测资料，以便更详细、更真实地了解海洋环境特征的分布情况。辅助观测对海洋水文预报尤为重要。观测时，观测者所在的地理位置称为"辅助观测站"。辅助观测站设有固定的标定站点。

1.3　海洋化学调查

1.3.1　基本概念

海洋调查是用各种仪器、仪表对海洋中能表征物理学、化学、生物学、地质学、地貌学、气象学及其他相关学科的特征要素进行观测和研究的科学。

海洋调查方法是指在海洋调查实施过程中仪器的使用、站点设置、资料整理与信息分析的方法和原则。

海洋化学是研究海洋各部分的化学组成、物质分布、化学性质和化学过程以及海洋资源和海洋污染的学科，是海洋科学的一门基础学科。海洋化学主要从化学物质的分布变化和运移的角度，来研究海水及海洋环境中的化学问题。海洋化学调查就是对海洋中化学要素进行采集、分析、测定和数据处理，以获得现场第一手资料，解决所遇到的问题，探明海洋的自然规律。海洋化学调查主要涉及4个领域：海水化学调查、海洋沉积质化学调查、活体海洋生物化学调查、海洋界面物理化学及与界面相互作用的化学调查。

1.3.2　海洋化学调查内容

海洋化学调查的范围包括海水、海水上面的大气以及海水下面的沉积质。海洋化学调查的内容包括海洋水质调查（常规调查项目和污染调查项目）、海洋大气调查（大气污染物调查项目）以及海洋沉积质调查（常规调查项目和污染调查项目）。海洋化学具体调查要素：① 各种营养盐的化学检测，包括含氮元素的盐（硝酸氮、亚硝酸氮、氨氮）、磷酸盐、硅酸盐及含铁、铜、锰等元素的盐类。② 碳循环过程的研究需要对pH、总有机碳（TOC）、溶解有机碳（DOC）等进行检测。③ 溶解气体检测，如氮气、氧气、惰性气体、二氧化碳、一氧化碳、甲烷、氢气、硫化氢、氧化亚氮等。④ 有机物质观测，除了天然有机物外，还有有机污染物，其中最严重的是石油污染物和农药污染物。可以通过测定耗氧量［如生化需氧量（BOD）、化学需氧量（COD）、总需氧量（TOD）］来粗略表示海水中有机物质的总量。⑤ 天然与放射性同位素：如天然放射性同位素^{225}钍、^{230}钍、^{234}钍、^{226}镭、^{222}钌，人工放射性同位素^{90}锶、^{137}铯、^{239}钚、氚等。⑥ 大气化学调查，包括大气中的悬浮颗粒、甲基磺酸盐、气体、营养盐等。

1.3.3　海洋化学调查简史

1.3.3.1　早期探索与分析阶段

1871年，法国作家儒勒·凡尔纳出版了《海底两万里》一书，它描绘了一个当时人类从未见过的世界——深海。凡尔纳的小说是纯虚构的作品，但就在这部作品出版一年多后，6名科学家和大约260名船员登上了一艘称为"挑战者"号的小型英国军用船，开始了一次远洋探险，揭开了海洋化学调查的序幕。此次考察所设立的目标：① 由表及底调查不同深度层次上海洋的物理性质，包括深度、温度、环流、相对密度和光的穿透；② 测定海水的化学组成，包括含盐量、溶解气体、有机物质及悬浮颗粒物的性质；③ 获得海底各种沉积质的物理和化学特征，并据此尝试揭示这些物质的来源；④ 了解海洋生物的分布及其与物理、化学因子之间的关联，探索目前海洋生物与过去地球环境之间的联系。此次调查，开启了人们对海洋物理、化学和生物学性质的了解。约翰·摩瑞在此次考察总结中将这次探险称为"继15世纪、16世纪大发现以来，对这个星球认识的最伟大进步"。"挑战者"号航行期间所采集的水样，主要由德国化学家威廉姆·迪特玛进行化学组分的分析，他因此被称为第一个真正了解海水化学组成的人。

1.3.3.2　海洋营养盐的调查与研究

20世纪20—50年代，科学家们集中探索了营养元素氮、磷、硅对海洋生物的营养作用以及二者之间的关系。1955年，英国学者哈维出版的《海水的化学和肥力》一书可谓当时的典型代表，该书讨论了如何应用化学手段解决海洋生物生产力的问题，对氮、磷、硅的地球化学循环与浮游生物的关系进行了详细的描述，并解决了海水二氧化碳体系各分量的计算问题。

1.3.3.3 海水分析化学的发展

20世纪50—60年代，随着海水调查要素的增加以及对不同数据进行比对的需求，海洋化学研究进入一个新时期，建立了与海洋调查对象有关的分析方法，并进行了海洋调查规范的编制。英国学者巴勒斯出版的《海水分析》、我国陈国珍教授出版的《海水分析化学》都是当时的代表作。之后，随着各国海洋调查规范的编制与出版，对不同时间、不同地点、不同研究人员所测定的数据进行互相比较也成为可能。

1.3.3.4 海洋物理化学的发展

20世纪60—70年代，海洋物理化学分支逐渐成熟，此时对海洋环境中的沉淀-溶解作用、氧化-还原作用、酸-碱平衡作用、络合平衡作用等各种化学平衡进行了详细的研究。1958年，戈德堡（E. D. Goldberg）应用稳态原理计算海水中元素的停留时间。1961年，瑞典科学家赛伦发表了题为"海水的物理化学"的论文，为海洋物理化学的发展奠定了基础。也是在这个时期，华莱士·布罗克提出研究海水中元素循环的箱式模型，并将其应用于二氧化碳和温室效应的讨论。

1.3.3.5 深海大洋的探索

20世纪70—80年代，国际海洋界进行了为期10年的"海洋地球化学断面研究"（GEOSECS）全球性综合科学考察，其重点关注开阔海洋水体运动、海洋生物活动等相关的海洋学过程，获得了各大洋营养要素、放射性同位素、痕量金属元素等的含量、空间变化及其所指示的海洋学信息，取得了丰硕的成果。其后，华莱士·布罗克出版《海洋中的示踪物》，为海洋化学的进一步发展奠定了良好的基础。在此期间，J. P. 赖利和G. 斯基罗主编了《化学海洋学》（1—10卷）；戈德堡等主编了《海洋污染监测指南》；斯塔姆（Stumm, W.）等主编了《水化学：天然水体化学平衡导论》，这些均已成为海洋化学的经典名著。

1.3.3.6 海洋与全球气候变化

自20世纪90年代起，海洋化学重点关注海洋碳循环及其调控机制，以探索海洋对全球气候变化的响应与反馈。此时期实施了诸多国际合作研究计划，包括"全球海洋通量联合研究"（JGOAS）、"海岸带陆海相互作用"（LOICZ）等，在这些国际合作研究计划中，海洋化学均是核心的研究内容。此外，"上层海洋-低层大气相互作用研究"（SOLAS）、"海洋痕量元素与同位素的生物地球化学循环研究"（GEOTRACES）等，亦有许多研究内容围绕海洋化学而展开。

1.3.4 我国海洋化学调查

我国的海洋化学调查起步于20世纪50年代，经过70余年的发展，海洋化学调查手段和分析方法取得了长足进步。如水中溶解氧的测定技术，从传统的烦琐而又难以判断终点的碘量法，到现在简单可靠、准确度高的分光光度法，再到低成本、高性能、便携式、抗干扰的光纤溶解氧传感器的研制，新方法和新技术不断涌现。在营养盐的测定方面，通过加入人工海盐，建立了没有盐误差的新的锌-镉还原法测硝酸盐；通过水下营养盐自动分析仪，利用紫外线吸收法制备的硝酸盐传感器实现了大洋中的长期连续监测；连续流动分析系统和紫外消化及水浴装置，能够测定海水中溶解态总磷；采用流动注射-气体扩散法和靛酚蓝分光光度法测定氨氮；而海水中低含量氨氮则可用高灵敏度荧光法测定。在有机物测定方面，应用相关系数法、电化学法和分光光度法等快速测定化学需氧量；应用紫外光谱技术检测纳升级样品中总有机碳浓度。在二氧化碳系统参数分析方面，TOC分析仪的不断改进使溶解无机碳（DIC）、溶解有机碳和颗粒有机碳（POC）等二氧化碳系统参数的测定变得简便。在烃类测定中，新建立了一种固相微萃取-气相色谱（SPME-AC）方法，可快速分析海水中酚类化合物、苯系化合物。在痕量金属测定方面，国际上研发的以"梯度薄膜扩散法（DGT）"为代表的一种新型测试技术，追求原位记录活性金属的浓度，受到广泛关注和应用。在化学示踪及同位素测定方面，利用那些与总浓度变化和海水变化有很好相关性的化学物质作为示踪物质进行测定已被证实为一种有效的方法。

1.4 小 结

本章介绍了海洋调查发展简史、海洋调查施测方法、海洋调查与海洋化学调查、海洋化学调查内容及方法，以让读者了解海洋调查基本概念、发展历程及研究方法。海洋调查简史是人类认识海洋、开发海洋、利用海洋的过程；是人们从原始的"靠山吃山、靠海吃海"理念，向着真正的科学调查前进的历程；是海洋科学发展道路上的启蒙史，也是各种仪器和调查方法的发展史。随着科技的不断更新，需要根据调查目的及实际情况对海洋化学调查施测方法和调查要素进行选择，因地制宜，因时制宜。

思考题

从海洋调查简史可以看出，中国是最早利用海洋的国家之一。北宋时，指南针开始应用于航海，宋代造船技术水平是当时世界之冠，还有早期的海洋著作，这些都在昭示着曾经璀璨的工业文明和强大的科技实力，但是为什么在早期的科学调查时期，却很少出现中国的身影呢，对此，你有什么想法？

参考文献

陈敏.化学海洋学［M］.北京：海洋出版社，2009.

侍茂崇，高郭平，鲍献文.海洋调查方法导论［M］.青岛：中国海洋大学出版社，2008.

侍茂崇，李培良.海洋调查方法［M］.北京：海洋出版社，2018.

2 海洋观测平台

教学目标

① 了解传统的观测平台，如岸基、船基、浮标的作用、基本结构和使用方法。

② 了解并关注具有发展潜力的海洋观测平台，如潜水器、卫星遥感、航空遥测等，它们是极区研究、深海研究、海洋探矿的重要装备，也是当今海洋观测的前沿课题。

③ 了解当前立体观测的进展，掌握科学研究的立体调查方法和最佳设计。

④ 培养学生理论应用于实际的科学意识，增强学生的文化自信和民族自豪感。

⑤ 培养学生正确的人生观和价值观，明白责任与担当的现实意义。

海洋观测与其他观测的最大不同是海洋观测的实现必须搭载测量传感器的观测平台，没有观测平台就不能实现观测。不同观测方式和方法以及观测内容对观测平台的要求不同。即使同一观测要素，由于其观测方法不同，对观测平台的要求也不相同。本章主要介绍各种常见的观测平台，使读者了解各种观测平台的作用、目的和使用仪器。掌握海洋调查中各种观测平台和施测方法，有计划、有目的地制订调查方案，学会科学、合理地使用观测平台，是科研工作者必备的基本技能。

2.1 固定观测平台

固定观测平台是指在沿岸固定点（陆地或岛屿）或在离岸的海洋中人为设立的固定站点，用于海洋环境要素的观测。固定观测平台是我国海洋环境监测网的主要组成部分，发展岸基台站观测技术是发展我国海洋观测技术的重要内容。

2.1.1 海洋台站的国内外发展现状

（1）国外发展现状

海洋台站海洋环境观测技术是世界沿海国家发展最早，也是最为成熟的、最先实现业务化应用的海洋技术。美国和日本等海洋发达国家的海洋观测技术居于世界领先水平。美国1807年由总统杰弗逊立法成立海洋测量机构，开始沿海水位观测及航道测量。日本是世界上海洋灾害发生最为频繁的国家之一，为了满足防灾减灾的需求，日本各级海洋机构在沿海建设了大量海洋观测站，可观测潮位、水温、盐度等参数，观测点密度为世界最高。日本1910年建立了为渔业服务的海岸观测站。随着以计算机技术、卫星遥感技术为基础的海洋模型理论与技术的发展，海洋观测站布点更为科学合理，观测数据更为精确，应用服务更为广泛。

（2）国内发展现状

我国是世界上最早开展海洋观测的国家之一。在古代，生活在沿海地区的劳动人民，为了抵御海浪和海潮的侵袭，修塘筑坝，在一些重要岸段，开展了潮位的定点观测，这就是我国最早的海洋台站。1905年，德国人首先在青岛港一号码头修建验潮站开始海洋观测，到1949年新中国成立前夕，在我国沿海建立的海洋观测站约有20个，主要开展潮位观测。我国自20世纪80年代开始开展海洋站水文气象自动观测技术的研究。2000年前后，国家海洋局（现由中华人民共和国自然资源部管理）在我国沿海和岛屿初步建成了第一代业务化海洋站水文气象自动观测网，为海洋预报、海洋防灾减灾和海洋科学研究提供沿海的波浪、潮汐、水温、盐度、风速、风向、气温、相对湿度、气压和降水等水文气象观测数据。其他涉海单位或机构如海事局等，也在我国沿海建立了多个验潮站，开展海洋水文观测，为航行安全等提供服务。第一代海洋站水文气象自动观测网的建成，使我国得以开展业务化海洋站水文气象观测，但站点数量少，观测系统功耗及维护难度相对比较大，与发达国家海洋站观测系统相比还存在一定技术差距。2008年以后，随着防灾减灾等海洋观测系统建设专项的实施，海洋站水文气象自动观测网进入了一个新的发展时期。随着站点的数量不断增加，海洋站水文气象自动观测系统也发展到第二代，实现了低耗能、无人值守和友好人机交互等功能，整体性能与国外先进观测技术基本相当。随着海洋站水文气象自动观测网的快速发展，相应的海洋观测仪器设备管理、数据处理、数据通信、数据质量保证等配套制度和标准也日益完善。2012年《海洋观测预报管理条例》实施以后，海洋站水文气象自动观测网的发展进入了一个新阶段，全国性和区域性的海洋观测规划不断出台，为实施细化海洋观测预报打下基础。

2.1.2 岸基海洋台站

2.1.2.1 岸基海洋台站类型

（1）岸基海洋气象台站

岸基海洋气象台站以陆地为依托，建站较容易，风险较小。观测主要靠训练有素的技术人员、海洋观测仪器及附属设备来实现。观测项目有海洋水文（潮汐、波浪、水温、盐度等）、气象（风速、风向、气压、湿度等）、化学环境要素（pH、溶解氧等）。当前，观测仪器设备主要有SCA2-2压力式无井验潮仪、浮子式数字记录仪、有井验潮仪、空气声学水位计、声学测波仪、加速度计式遥测波浪仪、自动测风仪等。近年来，海洋观测仪器有了很大发展，新的仪器不断出现。

（2）岛屿自动气象站

岛屿自动气象站是专为满足海上岛屿和海岸气象要素观测自动化的需求而设计的，可解决设备对海洋恶劣环境（高盐度、高湿度、高风速）的适应性和海洋特殊要素观测自动化等问题，可连续观测气温、海表温度、气压、湿度、风、降水量、太阳辐射和能见度等气象要素。

岛屿自动气象站可通过GPRS/CDMA或卫星DCP平台向指定的中心站实时发送数据，并按规定的数据文件格式存储数据。对于海洋自动气象站在海上长时间工作的情况，在传感器选型、三防、安装、抗强风等方面都采取了针对性的措施，提高了设备的可靠性。

（3）岸基高频地波雷达

岸基高频地波雷达利用高频电子波沿海水表面的绕射特性，采用垂直极化天线辐射电波，能超视距探测海平面及海平面视线以下出现的舰船、飞机、冰山和导弹等运动目标，其作用距离为300 km以上。高频地波雷达利用海洋表面对高频电磁波的一阶散射和二阶散射机制，可以从雷达回波中提取风场、浪场、流场等海况信息，实现对海洋环境大范围、高精度和全天候的实时监测。高频地波雷达（HFR）被认为是能实现对各国专属经济区进行有效监测的高科技手段。

2.1.2.2 岸基海洋台站观测数据获取

（1）数据获取标准

数据获取标准主要有3个，分别是《海滨观测规范》《地面气象观测规范》《海洋自动化观测通用技术要求》。

（2）观测要素和观测设备

观测要素包括潮汐、表层水温、表层盐度、海浪、风向、风速、气压、气温、相对湿度、能见度和降水量等。观测仪器设备的测量准确度应满足各要素测量技术指标，包括测量范围、分辨率、准确度、采样频率等。

2.1.2.3 我国岸基海洋台站现状

岸基海洋台站在保障海洋工程和海岸工程建设、保障海上交通安全等方面发挥了巨大作用。我国岸基海洋台站现状如下。

（1）站点少，密度低，不能满足发展需求

我国的海洋科学研究起步较晚，海洋观测能力建设与发达国家相比仍然有一定的差距。虽然岸基海洋台站数量在稳步增加，然而相对于约18 000 km的大陆海岸线、近300万km^{2}的主权管辖海域来说，仍显不够。获取的资料还不能完全满足海洋灾害预报、海洋开发、海洋航运、水产养殖、海洋工程、海上油气开发、海洋综合管理和海洋环境保护等需求。

（2）不能满足近海无潮点的监测需求

中国近海的潮汐，主要动力源是西太平洋传入的潮波。它由我国台湾经琉球群岛至日本九州岛一线传入，经东海进入黄海、渤海，形成渤海、黄海、东海的潮波系统。而由巴士海峡和巴林塘海峡传入的潮波，进入南海形成以全日潮著称的南海潮汐。潮波在传播过程中，受到地形影响，彼此干涉，形成一系列"无潮点"。从严格的理论意义上说，无潮点是在一次满潮和干潮的高低水位之间，海面没有起与落的点。无潮点的形成只与地点有关，是由海区形状、深度、海底地形等自然环境决定的。如果这些自然条件相对稳定，那么无潮点的位置也将是稳定的。但近年来，由于人类活动如人工海岸、海岸工程、海洋工程、入海河流携带的泥沙入海以及全球气候变化如全球变暖导致冰川融化、海平面上升等原因，海区的形状、深度、海底地形等有所变化，这可能会导致无潮点位置发生变化，影响整个海区的潮波系统。

（3）近海风暴潮灾害监测力度相对较弱

风暴潮是指由强烈的大气扰动、台风和温带风暴引起的海面异常升高现象。如果风暴潮发生时恰好与天文高潮相叠，会给国防和国民经济带来巨大的损失。在我国，渤海湾至莱州湾沿岸，江苏小羊口至浙江北部海门港及浙江省温州、台州地区，福建省宁德地区至闽江口附近，广东省汕头地区至珠江口，雷州半岛东岸和海南岛东北部等岸段是风暴潮的多发区。而我国沿海重要经济区多位于风暴潮多发地带，特别是珠三角、长三角和京津冀地区都是风暴潮灾害严重地区。我国对这些风暴潮多发地区的观测力量如果只依靠岸边观测台站，那么其观测资料对于风暴潮的准确预报是远远不够的。

（4）近海生态系统监测不足

随着我国经济社会的快速发展，沿海地区的开发力度持续加大，对海岸带及近岸海洋生态系统产生巨大压力。据《2021年中国海洋生态环境状况公报》显示，2021年，全国入海河流水质状况总体为轻度污染，开展了24个典型海洋生态系统健康状况监测，类型包括河口、海湾、滩涂湿地、珊瑚礁、红树林和海草床，有18个为亚健康状态，只有6个处于健康状态。在美国有数千台数字生态浮标投放在近岸海域、湖泊、河流、水库、沼泽地区，长期监测水质、生态参数。而我国的近海生态监测站点，相对还较少。

（5）河口监测不能满足需求

中国是一个河流众多的国家，地势西高东低，有许多河流由西向东流注入海。入海河流一般会携带大量的泥沙等固体物质，这些泥沙的汇入，对我国沿海的水文影响较大，也因此造就了众多生境特殊、资源利用价值高、研究意义重大的河口生态系统。目前，对于典型的河口生态系统已经有了针对性的监测，但是其他河口附近的海洋观测资料覆盖面相对较小。

（6）岛屿岸站相对较少

海岛是我国海洋经济发展中的特殊区域，海岛在国防安全、权益维护和经济发展中有着举足轻重的作用。据《2017年海岛统计调查公报》，我国现有岛屿1.1万余个，总面积占我国陆地面积的0.8%。对于如此丰富的海岛资源，我国的岛屿海洋台站数量却不多，截至2017年，气象观测设施347个，海洋监测站240个，地震监测站103个，特别是南海海域，岛屿多，台站数量少。

2.1.2.4 岸基海洋台站发展趋势

（1）不断提高观测技术水平

目前，我国的海洋站水文气象自动观测技术已经发展到第三代，测量性能尤其是水文要素的测量性能日趋提高。此外，为了满足海洋防灾减灾的需求，波浪漫滩、波浪漫堤、风暴潮等的现场测量技术也得到发展和应用。

（2）不断增加观测功能

根据《全国海洋观测网规划（2014—2020）》，海洋站的功能将不断得到加强，以满足不断增加的海洋观测预报、海洋防灾减灾和海洋科学研究需求，除对常规水文气象要素进行观测外，还将逐步开展地震、海–气边界层等观测。

（3）不断融合观测与监测业务

随着我国海洋生态文明建设的不断推进，海洋生态环境监测需求日益迫切。因此，基于现有海洋观测站陆续开展了生态环境监测的尝试。例如，烟台海洋环境监测中心站于2011年10月在烟台港码头的验潮站内布放了一套岸基海洋生态环境在线设备，主要监测的参数包括溶解氧、叶绿素、蓝绿藻、浊度、pH、油类、电导率、硝酸盐、磷酸盐、硅酸盐、氨氮、气温、太阳辐照度等。

2.1.3 离岸观测平台

岸基观测平台由于距岸很近，受沿岸径流和水温日变化影响大，对离岸水文代表性差。因此，许多国家开始在远离海岸的岸外深水区建造离岸观测平台。1994年，美国建立了一个长期近岸生态观测系统，监测温度和水流运动；2000年，又建造了一个海上平台，用来测量海流、沉积质、微生物；2002年，建立了代号为MARS的深海观测平台，布放在900 m深的海底。

我国最初利用近海石油平台作为固定观测站，既减少投资，又有可靠的安全保障。

2.2 船基观测平台

"船基"是指专门从事海洋科学调查研究的船只，是运载海洋科学工作者亲临现场，应用专门仪器设备直接观测海洋、采集样品和研究海洋的工具。它既是运载工具，也是浮动实验室。依靠船舶，我们可以采集海洋水文和化学样品，布放海洋仪器，在广阔海洋空间收集资料，还可以布放固定观测站、小型运载体（潜水器、固定浮标或漂浮浮标、遥控观测设备等），并为它们提供支持。由此可见，利用船舶作为活动平台进行海洋调查和观测是海洋调查技术发展的重要方面，是建设海洋环境立体监测网的重要内容。

2.2.1 专用调查船

同一般船只相比，专用调查船的主要特点：

1）装备有执行考察任务所需的专用仪器装置、起吊设备、工作甲板、研究实验室和能满足全船人员长期工作和生活需要的设施，要有与调查任务相适应的续航力和自持能力。

2）船体坚固，有良好的稳定性和抗浪性。较好的海洋调查船还尽量降低干舷缩小受风面积，增装减摇板和减摇水舱。

3）具有良好的操纵性能和稳定的慢速推进性能。海洋调查船经济航速一般为12～15 kn，但常需使用主机额定低速以下的慢速进行测量和拖网。大多采用可变螺距推进器或柴电机组（即用柴油机发电、电动机推进）解决慢速航行问题。为了提高操纵性能，大多在船首与船尾安装侧向推进器，或者安装"主动舵"，或者两者兼有。

4）具有准确可靠的导航定位系统。现代海洋调查船多装有以卫星定位为中心，包括欧米伽、劳兰A/C和多普勒声呐在内的组合导航系统。该系统使用电子计算机控制，随时可以提供船位的经纬度，精确度一般为±0.1 n mile（1 n mile=1 852 m），最佳可达±0.4 m。

5）具有充足完备的供电能力。船上的电站要能满足工作、生活的电气化设备，以及精密仪器、计算机等所需要的电力和不同规格的稳压电源。仪器用电需与动力、生活用电分开，统一采取稳压措施。水声专业调查船，尚需另设无干扰电源。

2.2.1.1 按调查任务分

专用调查船按照其调查任务可分为综合调查船、专业调查船和特种海洋调查船。

（1）综合调查船

综合调查船搭载的仪器设备可同时观测海洋水文、气象、物理、化学、生物和地质要素及采集相应样品，并进行数据分析整理、样品鉴定和初步综合研究。这类调查船又有"海洋研究船"之称，多为海洋研究机构和高等院校所使用。在各国调查船队中，综合性远洋调查船数量最多，如美国的"海洋学家"号、俄罗斯的"库尔恰托夫院士"号、日本的"白凤丸"号、法国的"让·夏尔科"号等都是世界著名的综合调查船。这类船由于工作内容多、航区广，在设计时充分注意船舶的稳定性、操纵性、续航力、自持力、仪器设备操作与实验室条件，以及防摇、减震、防噪、供电、导航、低速和起吊能力等性能。中国科学院海洋研究所的"科学"号调查船为我国目前较先进的综合调查船，总长为99.6 m，型宽17.8 m，设计吃水5.6 m，设计排水量约4 660 t，续航力15 000 n mile，自持力60 d，可承载80人，最大航速超过15 kn，单台发电机运行的经济航速达12 kn，全船实验室面积约330 m²。该船采用国际先进的吊舱式电力推进系统，艏部配备了两个艏侧推，动力定位满足CCSDP-1要求并配备综合导航定位系统，可实现0~15 kn无级变速，在低速状况原地360°回转。该船安装了自动气象站、万米测深仪、声学多普勒流速剖面仪，双频回声测深仪等仪器以及辅助设备，同时该船还设置了地震实验室、地貌实验室、磁力实验室、气象实验室、干湿实验室、重力实验室等。该船的总体布局合理，调查设备均较为先进和全面，"科学"号的技术水平和考察能力已达到国际海洋强国新建和在建综合调查船的同等水平。近年来，我国还先后新建了"科学"号的同型船——"向阳红01"号、"向阳红03"号和"张謇"号等，我国的综合调查船的单船性能以及整体水平逐渐达到国际同等水平。而2023年1月12日交付使用的"珠海云"，是全球首艘智能型无人系统科考母船，可搭载多种不同观测仪器的空、海、潜无人系统装备，可执行海洋测绘、海洋观测、海上巡检及部分调查取样等综合性海洋调查任务。

（2）专业调查船

专业调查船船体较综合调查船小，只承担海洋学某一分支学科的调查任务。与综合调查船相比，具有任务单一、重点突出、工作深入等优点。比较常见的专业调查船有以下几种：

1）海洋测量船。海洋测量船的主要任务是根据编辑海图、航海指南、海潮流表和其他海洋图集的需要，测取海洋水深、海流、潮流、温度、盐度、地质、地貌、地磁和其他基本资料。例如美国的"威尔克斯"号和联邦德国的"彗星"号。

2）海洋物理调查船。海洋物理调查船的主要任务是调查和研究海洋声学、光学和其他物理学特性，其特殊要求是船上须有防震、防噪和防电磁波干扰的措施和设备，例如美国的"海斯"号和俄罗斯的"罗蒙诺索夫"号。

3）海洋气象调查船。海洋气象调查船的主要任务是观测海面、高空和海-气界面附近的气象、水文要素，播发船舶天气预报，研究海-气相互作用和海上天气系统的兴衰规律。海洋气象调查船船体一般较大，有较强的抗风暴能力，能够保证测取各种恶劣天气条件下的资料。例如日本的"启凤丸"号和俄罗斯的"海洋"号。有少数气象调查船由世界气象组织安排在固定位置上，作为一个海上观测站进行长期定时观测，所得资料按规定及时发报，参加国际交换，为全球天气预报服务。这种海洋气象调查船通称为"天气船"。

4）海洋地球物理调查船。海洋地球物理调查船的主要任务是应用地球物理勘探和采样分析等手段研究海底的沉积与构造，评估海底矿产资源的蕴藏量。这种专业调查船一般不大，但装备有精密的地震、地磁、重力探测仪器和准确的导航定位系统。例如日本的"白岭丸"号和美国的"测量员"号。我国已有自行设计制造的"海洋一号""海洋二号""奋斗一号""奋斗二号"等，承担海洋地质和矿产资源的调查任务。"大洋一号"则具备无限海区航行能力，可开展海底地形、重力和磁力、地质和构造、综合海洋环境、海洋工程及深海技术装备等方面的调查和试验工作。

5）海洋渔业调查船。海洋渔业调查船的主要任务是进行渔业生物学和渔场环境调查，研究渔业资源的数量变化和渔场形成规律。据不完全统计，日本水产厅拥有渔业调查船14艘，韩国具有从事海洋渔业资源调查研究的调查船20余艘。美国、日本、俄罗斯、英国、德国和法国等均拥有为数众多的渔业调查船。例如美国的"M. 弗里曼"号和日本的"昭洋丸"号。这种船装备有各种探测和试捕工具以及用于海洋环境调查的仪器设备。我国最早的渔业调查船是"北斗"号，为挪威赠予，现在的"南锋"号渔业科学调查船是我国第一艘自行设计、自行建造，拥有自主知识产权的综合性海洋渔业资源与环境科学调查船，也是目前亚洲吨位最大、具备国际先进水平的渔业科考船。可以说我国的渔业调查船就单船性能来说已具备国际同等水平。但我国渔业调查船仅有两艘，其中"北斗"号即将退役，难以担负起我国海域渔业资源与生态环境调查研究任务。而现在国际社会要求捕鱼国承担更多的资源调查和科学研究的义务，同时随着世界主要海洋大国远洋渔业发展战略的实施，远洋渔业资源的争夺也更加激烈。我国必须新建更多先进的渔业调查船，为服务国家经济建设、维护海洋渔业权益、保障国家战略实施发挥更大的科技支撑作用。

6）海洋声学调查船。海洋声学调查船是海洋声学研究的重要载体和组成部分，其用于海洋声学信息采集，可满足海洋声学调查的各类需求，提升海洋声学调查和水声侦听领域的科研能力，同时可兼顾水下目标声学信息采集、水下目标警戒等军事用途，能够促进军民融合，为海洋声学调查和水声侦听提供海上平台和移动的研究室。专业的声学调查船为满足水声设备的正常使用，对母船噪声特性和耐波性均有较高要求。

海底监测船是声学调查船的一种，主要是海军使用的，用来监听他国潜艇动态的一类调查船。美国海军拥有5艘这一类的船只，其中4艘为"胜利"号系列，另外一艘为"无暇"号。"无暇"号船长85.8 m，型宽29 m，其装备有主动和被动两种声呐阵列探测系统来侦探海底的潜水艇。这种声呐阵列可以像撒网一样扔到海里，是拖曳式天线阵，从而测到海底信号。我国较为先进的声学调查船是中国科学院南海海洋研究所于2009年建造完成的"实验1号"调查船。该船是我国第一艘以水声调查为主的调查船，全长60.9 m，宽26 m，排水量2 560 t，总吨位3 071 t，续航力8 000 n mile，自持力40 d，定员72人（其中船员27人），经济航速10 kn，最大航速15 kn。该船采用了国内自主研发的舷侧声阵和大通海井–升降回转装置，并配备性能先进的ROV水下实验平台。同时采用交流变频电力推进系统，拥有各种先进的通信导航设备，DP-1动力定位。船上建有11个实验室，并设有多种起吊设备及各种海洋科研调查设备。

（3）特种海洋调查船

特种海洋调查船是为了解决某项任务，专门建造的构造特殊的调查船。

1）宇宙调查船。宇宙调查船的主要任务是考察高层大气，接收卫星或宇宙飞船等太空装置发来的信号并发出指令，解决与宇宙装置飞行有关的多方面问题。1967年以来，苏联为了解决宇航通讯和空间探测任务，陆续建造了近10艘宇宙调查船。其中最大的是1971年建成的"宇航员IO.加加林"号，该船长235 m，宽31 m，排水量45 000 t，实验室120多个，是目前世界上最大的调查船。中国"远望"1号～7号都是属于宇宙调查船系列。远望7号测量船，是中国第三代航天远洋测量船的第三艘，是由我国自主设计研制，具有国际先进水平的大型航天远洋测量船。它的入列，标志着中国航天远洋测控事业发展迎来新机遇、新跨越，航天远洋测控能力将实现新提高、新突破，对我国航天测控网的建设具有重大意义。这艘船长220多米、高40余米，满载排水量近3万t，可抗12级台风，自持力100 d，能在太平洋、印度洋、大西洋南北纬60°以内的海域执行任务，同时满足特定航道的航行要求。

2）极地考察船。极地考察船是为考察两极而建造的船体坚固、破冰能力强、防寒性能好的调查船。20世纪70年代以来，美、苏两国竞相建造。其中最著名的是1973年美国建成的"极星"号。该船长120 m，宽25 m，排水量13 100 t，可以突破6 m厚的冰层。其次是苏联1975年建造的"M.萨莫夫"号大型极地考察船，可以突破1.7 m厚的冰层。"雪龙2"号极地考察船（H2560）是我国第一艘自主建造的极地科学考察破冰船，于2019年7月交付使用。"雪龙2"号是全球第一艘采用船艏、船艉双向破冰技术的极地科考破冰船，能够在1.5 m厚冰环境中连续破冰航行，填补了我国在极地科考重大装备领域的空白。

3）深海采矿钻探船。深海采矿钻探船是为试验开采洋底锰结核而建。美国1974年建成了排水量35 000 t的"格洛玛·勘探者"号。此船具有海底采矿、打捞、铺设海底管线和海洋调查多种功能。今用于深海锰结核试采和深海钻探工作。我国的"向阳红16"号从1983年开始，就对大洋锰结核进行调查。2022年，由我国自主设计建造的首艘面向深海万米钻探的超深水科考船——大洋钻探船，在广州实现主船体贯通，即将下水，标志着我国深海探测领域重大装备建设迈出关键一步。

2.2.1.2 按照海洋调查的海域不同来分

海洋调查船按照海洋调查的海域不同可分为水面和水下两大类。水面海洋调查船，又根据工作海域，可分为沿海、近海、远洋三种；水下海洋调查船则根据其下潜的深度划分为浅海实验室、中深海实验室、深海实验室和海底实验室4种。

2.2.1.3 按照船舶的尺度和排水量来分

海洋调查船按照船舶的尺度和排水量分为大型、中型、小型3种型号。大型海洋调查船排水量从几千吨到几万吨不等，用于远洋调查活动；中型海洋调查船排水量从一千吨到五六千吨，用于较远海域调查活动；小型海洋调查船排水量从几十吨到几百吨，则用于近海调查。一般来说，大、中型海洋调查船多半从事综合性海洋调查和考察；小型海洋调查船则担负地质、气象、水文、物理、化学、生物等专业调查和考察。

2.2.1.4 按照船舶的船型和船体结构来划分

按照船舶的船型和船体结构来划分，海洋调查船又可分为单体式、双体式、半潜式。由于海洋调查船长年在海上活动，因此，它们构造坚固，并具有较好的适航性、稳定性，能在大风大浪中安全航行。海洋调查船还具有良好的操纵性，不仅在一般航速下操纵灵活，就是在低速时也能操纵自如，以便能在各种速度下进行生物、物理、化学、地质等多学科海洋调查活动。

2.2.2 随机观察船

随机观测，就是只有观测内容要求，而无具体地点计划，施测的主体是运动的，只要求在运动过程中对一些海洋科学要素进行测定。这是海洋部门为广泛收集现场资料，按统一要求组织海洋作业的非海洋观测专业船舶进行海洋观测的计划，其内容偏重于海洋水文、气象。我国选择了大约120艘商船装备自动观测仪器，进行志愿船测报工作。主要进行表层海水温度、气温、气压、湿度和风速风向的观测。其中，对在航率高、船舶性能好和主要在国内航线上航行的30艘志愿船装备了海事卫星通信设备，在青岛、上海和广州建立了3个海事卫星接收站，实现了观测数据的卫星通信。

其他志愿船仍由船上通信部门向岸台传输数据。渤海、黄海、东海的船舶测报管理站负责非实时志愿船测报数据的搜集、处理、存档及通信工作。

一些渔船在捕鱼过程中也附带温度和盐度观测，国外的商船还安装声学多普勒流速仪（ADCP）进行海流观测。

2.2.3 海洋调查船发展简史

世界海洋调查船的发展已经有100多年的历史了。根据统计，截至1982年，全世界海洋调查船的总数已超过1 600艘，其中排水量1 000 t以下的约60%；1 000～4 000吨级的占30%；4 000 t以上的不到10%。拥有调查船较多的10个国家是美国（约400艘）、苏联（约300艘）、日本（约200艘）、中国（约170艘）、英国（约80艘）、加拿大（约70艘）、法国（近70艘）、联邦德国（约40艘）、挪威（约30艘）、澳大利亚（约20艘）。目前，由于老旧更替，各国调查船总数变化不大。

2.2.3.1 国内调查船发展简史

我国海洋调查船的发展经历几个时期：

1）20世纪50年代中期，我国开始将渔船、拖船、旧军用辅助船等改造成海洋调查船，摸索积累近海调查的经验。我国第一艘海洋调查船"金星"号，是1956年用一艘远洋救生拖轮改装而成的，适用于浅海综合性调查。"金星"号投入使用20多年，为研究渤海、黄海、东海测取了大量资料。

2）20世纪60年代，伴随世界各国开始设计建造专门海洋调查船的潮流，我国也加快自行设计和建造海洋调查船的步伐，成为第一批专门设计建造海洋调查船的国家。60年代开始，我国先后建造和引进了大批大、中、小型调查船。我国的海洋调查船具有船体较大、生活与工作条件较好的特点。1960年，设计建成排水量800 t的"气象"号。

3）20世纪70年代至80年代初期，为满足国家远程运载火箭发射试验等国防工程和相关重大海洋专项的调查需求，我国有计划地发展不同型号的远洋调查船，开启自主设计和建造批量大型远洋调查船的时代。1979年，我国建成排水量1.3万t的"向阳红10"号海洋调查船。"向阳红10"号海洋调查船，航速20 kn，设有24个实验室和研究室，可进行多学科综合考察。

4）20世纪80年代中期至20世纪末，我国建造的海洋调查船虽然数量不多，但使我国真正进入深远海以及极地调查时代，对我国海洋调查活动产生极为深远的影响。

5）21世纪以来，我国进入海洋调查船发展高峰期，先后建造"科学"号、"向阳红03"号、"向阳红01"号、"张謇"号等较先进的海洋调查船。目前自然资源部、中国科学院、教育部、中国地质调查局和中国水产科学研究院等部门均在建和筹建远洋调查船,并将在未来几年内陆续下水并交付使用。

目前,我国海洋调查船主要分布在自然资源部、中国科学院、教育部、中国地质调查局、农业农村部渔业渔政管理局等涉海部门及单位。经过几十年的发展,我国个别的调查船已经具备了国际同等或者领先水平。然而,我国调查船的整体水平较国外发达国家仍有相当的差距,为不断提高调查船调查能力,更好地满足我国海洋调查需要,为国家的海洋强国建设以及"一带一路"倡议的顺利实施保驾护航,我国还需完善调查船类型,并加强国家海洋调查船队运行管理职能。

2.2.3.2 国外海洋调查船发展简史

欧洲在19世纪后半叶出现专门用于海洋调查的船舶。英国"挑战者"号为三桅蒸汽动力帆船,船长68.9 m,排水量2 306 t,配备当时最先进的调查仪器设备并增设独立的自然实验室和化学实验室;1872—1876年,"挑战者"号完成世界上首次环球海洋科学考察,开创有系统、有目标的近代海洋科考先河;"挑战者"号的改造成功以及投入使用成为世界航海史、地球科学史上的里程碑,提供海洋学研究的"样板"和规范,开启人类从宏观上对世界海洋水体进行科学研究并探索其自然规律的新时代。

20世纪20年代以后,德国建成"流星"号调查船,船上首次安装回声测深仪并应用其他近代科学方法;"流星"号的问世标志着综合性海洋调查船由以生物调查为主的时代进入以海水理化性质和地质地貌调查为主的时代。随着电子技术的突飞猛进以及海洋调查设备越来越先进,现代化高效率海洋调查船逐渐诞生并普及。1959年苏联建造"罗门诺索夫"号6 000吨级综合海洋调查船,1960年美国建成3 400吨级的"测量员"号航道和海洋调查船,1962年英国建成3 100吨级的"发现"号海洋调查船,这些均为第一批专门设计建造的海洋调查船。这一时期的海洋调查船在设备、性能、布置以及实验室与专用设备的匹配等方面,与旧船改装调查船相比有很大改善。到了20世纪80年代,随着造船质量和技术水平的大幅度提高,海洋调查船在某些方面出现质的变化和新的发展趋势。

2.2.4 世界海洋调查船的发展趋势

1)节约能源、提高经济效益,船体开始朝着中、小型化发展,船速多保持在"经济航速"范围之内。操船、观测、采样和资料处理等继续朝着应用电子计算机控制的自动化方向发展。船载的浮标、潜水器、观测艇等大型辅助观测设备将得到广泛的应用，相应要求船上的起吊能力大型化、自动化。

2）一船多用。一艘调查船能作多种作业调查船使用，容易更换设备的大型综合实验室和可以调换的集装箱专业实验室将得到推广应用。

3）设计思想不断创新，具有特殊功能的新型特种海洋调查船会不断出现。

总之，海洋调查船随着时代的进步、技术水平的提高、调查仪器设备的更新换代以及海洋调查需求的深入而不断发展，新近建造的海洋调查船在船舶自动化、计算机网络化、建造模块化、船型多样化、调查学科专业化、船型型值合理化以及海洋深潜等方面有较大需求。

2.3 浮标

浮标是指浮于水面的一种航标，是锚定在指定位置，用以标示航道范围、指示浅滩、碍航物或表示专门用途的水面助航标志。目前，海洋浮标按照应用形式可分为通用型浮标和专用型浮标；按照锚定方式可以分为锚系浮标和漂流浮标；按照结构形式可以分为圆盘形、圆柱形、船形、球形、环形等浮标。

浮标式海洋环境实时监测系统是一种能提供实时、连续的海洋气象环境监测数据的高度自动化的海洋水文、气象测量设备。观测项目包括风速、温度、湿度、压强等气象要素，海流流速流向、盐度、海水温度等海洋水文要素，溶解氧、叶绿素a、浊度等水质要素。

2.3.1 专用型浮标

通用型浮标是指传感器种类多、测量参数多，能够对海洋水文、气象、生态等参数进行监测的综合型浮标。专用型浮标是指针对某一种或某几种海洋环境参数进行观测的浮标。海洋专用型浮标是浮标观测技术发展水平良好的体现，也是各国在海洋浮标监测研究、制造、应用领域体现综合实力、技术水平和创新水平的标志之一。针对特定的应用需求，国外研制了多种专用浮标系统，代表成果有海洋剖面浮标、海上风剖面浮标、海啸浮标、波浪观测浮标、光学浮标、海冰浮标、海气通量观测浮标和海洋酸化观测浮标等。

2.3.1.1　波浪观测浮标

波浪观测浮标是一种无人值守的、能动的，定点、定时对海面波浪的高度、波浪周期及波浪传播方向等要素进行遥测的小型浮标测量系统。大部分波浪观测浮标都采用球形标体，以具备很好的随波性。目前，应用较广泛的是基于GPS技术的波浪观测浮标和基于加速度传感器的波浪观测浮标。

2.3.1.2　海洋水文气象观测浮标

海洋水文气象观测浮标是指布设在海上，用于获取海洋水文气象资料的大型综合性观测设备。2013年，我国近海海洋观测研究网络东海浮标阵10号浮标系统布放至长江口附近海域，开始对崇明岛附近长江口海域进行长周期的数据观测。

2.3.1.3　极地浮标

2012年8月4日，我国第五次北极科考队在70°N、3°E的挪威海布放了我国首个极地大型海洋观测浮标，这也是我国首次将自主研发的浮标和观测技术推广到北极海域，并利用大型浮标对海-气相互作用进行连续观测。

2.3.1.4　海洋光学浮标

海洋光学浮标是以光学技术为基础，可连续观测海面、海水表层、真光层乃至海底的光学特性的浮标。第一台光学浮标于1994年诞生在美国，此后，英国、日本、法国等国家也研制了自己的光学浮标。21世纪初，我国尚未开始光学浮标的研制。为配合我国水色卫星遥感的发展，"十五"期间，国家高技术发展计划提出了研制我国第一台综合型光学浮标的计划。中国科学院南海海洋研究所承担的"863"计划项目课题——"海洋光学浮标技术"，由中国科学院南海海洋研究所研究员曹文熙为组长的课题组研制成功，使我国成为继美国、英国、日本、法国之后的第五个拥有同类大型海洋光学时间序列观测平台的国家，为我国海洋水色的现场观测和多学科海洋过程联合时间序列观测奠定了关键的技术基础。

2.3.1.5　海冰浮标

海冰浮标是布放在南北极海冰区域能够观测包括海冰在内的海洋环境参数的浮标。海冰浮标既可以监测海冰自身的热力和动力过程，同时也可以加载相应的海洋及大气参数观测的传感器，用于海洋及大气边界层物理过程观测。当前，有7种以上常用海冰浮标适合于南北极海冰地区的观测。

2.3.1.6　水质监测浮标

水质监测浮标是一种监测海洋环境和海水养殖区水质污染状况的浮标系统。由浮标、锚系和接收站等组成，监测要素包括磷酸盐、硝酸盐、亚硝酸盐、氨氮、盐度、

pH、溶解氧、水温等，可自动完成数据实时采集、处理、存储及传输。浮标上还可以加载用于监测叶绿素、浊度、深度、电导率等指标的监测仪器，用于海洋环境污染监测、港湾工程、水产养殖、赤潮预报以及海洋研究。目前，国内水质自动监测站结构复杂、成本很高，且只能监测水温、溶解氧、pH、电导率、浊度5种水质参数，不具有生物毒性监测功能，漏报率很高。扬州大学成功研发出了一款新型太阳能物联网水质监测浮标。该监测浮标以太阳能为动力源，可长时间监测水质变化，同时采用物联网和大数据处理技术，可实现远距离、实时监测水质。并且兼容了理化监测和生物毒性监测。其中，自主研制的可以同时测定浊度、紫外吸收的多波长光学传感器以及可以同时测定斑马鱼毒性、大型蚤毒性的生物毒性传感器，能够检测绝大多数无机、有机和生物污染物。

2.3.1.7　海洋放射性监测浮标

2005年，希腊利用浮标搭载了3个碘化钠晶体能谱仪检测海水中的γ射线能谱，实现了海洋辐射在线原位监测。2011年，国家海洋技术中心研制了核辐射监测浮标，用于海洋核辐射污染应急监测；山东省科学院海洋仪器仪表研究所研制的放射性综合监测浮标可实时连续监测和分析海水中放射性核素总量，区别多种核素并计算其活度，具备海洋核污染预警功能。

2.3.1.8　海气通量观测浮标

海气通量观测浮标用于大气–海洋界面上能量和水的相互运动和交换过程。对全球气候变化和预报及大气环流研究等领域具有重要的意义和作用。海气通量观测浮标主要观测风速、风向、温度、湿度、压强、长短波辐射、降雨等参数。例如，山东省科学院海洋仪器仪表研究所研制了圆盘形海气耦合观测浮标。中国科学院海洋研究所研制了多浮筒结构的通量观测浮标。

2.3.1.9　海啸浮标

海啸预警的物理基础是地震波传播速度比海啸的传播速度快。在太平洋，地震波的传播速度比海啸的传播速度快20～30倍，所以在近岸地震波要比海啸早到达数十分钟乃至数小时。通过实时观测海面波动情况，及时确认地震发生后是否发生海啸以及发生海啸的大小程度，可为海啸预警提供非常重要的数据。

2017年6月下旬，我国在南海马尼拉海沟平行线上，首次同时布放了两套海啸浮标，形成海啸监测"双保险"。浮标布放站点水深4 000 m，这标志着我国南海海啸浮标监测网的建成。浮标最小能监测到因海啸造成的5 mm海平面抬升。南海海啸浮标监测网有望为我国大陆、台湾地区和东南亚周边沿海国家的海啸预警赢得2 h左右的预警和疏散时间。

2.3.2　锚系浮标

锚系浮标又分为全潜式锚系浮标和半潜式锚系浮标两种。

（1）全潜式锚系浮标

全潜式锚系浮标即海面看不到任何浮标踪迹，只有任务结束后，与重物脱钩，浮标才浮出海面。采用这种设置的浮标多适用于深海、冰区、台风或飓风多发区及交通频繁海域。海床基浮标属于全潜式锚系浮标的一种，一般可作为海床基观测平台的一部分，目前海床基观测是国际极地海底观测系统的主要方式。全潜式锚系浮标在应用海域范围、观测数据质量以及海上军事监测和预警上具有更强的优势，需求更大。

（2）半潜式锚系浮标

半潜式锚系浮标是仪器本身潜入海面，锚系浮标位置在海面可视。其主要作用是仪器观测不受浪、流的干扰而发生位置漂移，同时又方便知道仪器放置地点，便于和卫星通信，随时发回观测信息。

2.3.3　漂流浮标

漂流浮标是指在海面或一定深度随海流飘动的浮标，用卫星或声学方法获得其位置信息。应用最广泛的漂流浮标是Argo浮标。Argo浮标是通过改变浮标自身的有效密度、按照预定的时间表在海水中上浮和下沉的。Argo浮标的设计寿命一般为3~5年，一个Argo浮标一年可提供36个垂向数据剖面，所有Argo浮标一年可提供10万个全球海洋的剖面资料。

全球变暖导致的全球海平面上升、极地冰川融化、永久冻土融化等是全人类共同面对的问题。为提高天气预报和气候预报的精度，应对全球天气（短时间尺度）和全球气候（长时间尺度）中的特殊现象，如厄尔尼诺现象、拉尼娜现象、北极震荡、南极绕极波、北大西洋震荡、太平洋十年震荡，美国等国大气和海洋科学家1998年推出了一项大型海洋观测计划，旨在快速、准确、大范围收集全球海洋上层的水温、盐度剖面资料，以提高气候预报的精度。按照这个计划，在全球大洋中每隔300 km布放一个由卫星跟踪的剖面漂流浮标，收集全球海洋0~2 000 m深度范围海水的温度、盐度和浮标漂流轨迹等资料。

我国自2002年起布放了400多个Argo浮标。我国可以自主设计制造Argo浮标，成立了浮标数据资料中心（杭州），向全世界提供免费下载服务。

2.3.4　国内外浮标发展现状

（1）国内浮标发展现状

1）通用型观测浮标已实现业务化运行，总体技术水平与国际相当。我国从1965年开始研制海洋资料浮标，经过近50年的发展，在国家"863"等计划和有关部门的支持下，取得了丰硕的成果，已经基本掌握关键核心技术，总体已经达到国际先进水平。我国研制的第一个海洋资料浮标诞生于1965年，为船型结构。此后，在国家的支持下，浮标技术得到大力发展，目前，已经形成了直径从10 m减小到3 m的产品系列，完全能够满足我国近海长期业务化观测的需求。在深远海观测浮标方面也开展了部分工作，研制了工程样机，取得了一定成果，布放海域最深达到3 500 m，最远至印度洋和格陵兰海海域。我国的海洋资料浮标研制虽然起步较晚，但在某些方面已经达到国际领先水平，如观测参数种类多于国外产品；采用了多种数据通信手段，其中北斗通信方式是我国独有的；数据传输间隔方面有多种传输间隔可供选择。

2）专用型浮标研究取得一定成果。"十五"期间，国家海洋技术中心研制了利用马达驱动的剖面观测系统，"十一五"期间中国船舶重工集团公司（以下简称中船重工）第七一〇研究所研制了利用浮力控制的剖面观测浮标系统，中国科学院海洋研究所研制了波浪能驱动式的剖面观测浮标系统，3种系统均经过了海上测试，最大布放水深达4 000 m，能观测海水温度、盐度、深度和海流等参数。

此外，我国的浮标测波技术取得丰硕成果，代表成果是山东省科学院海洋仪器仪表研究所研制的直径0.9 m的SBF3型球形测波浮标，其观测结果精度与国外产品相当，已经成为相关部门的业务化观测装备，得到广泛应用。此外，还有中国海洋大学研制的SZF型椭球形波浪观测浮标。

浮标式水质监测技术总体达到国际先进水平，能够满足沿海海域业务化运行的需求，但与海洋技术大国相比还存在较大差距，主要体现在搭载的仪器设备性能、测量精度和工作可靠性等方面，但在系统集成、布放回收等方面差距已不明显。

3）应用实例。广东省珠江口水质监测：水质监测浮标于2015年6月布放于珠江口海域，实时监控，获取了大量珠江口水质水文数据。其中数据采集和数据接收系统一直处于正常运行状态，数据采集成功率达到100%，远程数据传输成功率达到95%，为浮标监测系统的应用奠定了良好的技术基础。

浙江省海域水质监测：截至2015年12月，浙江省已经投放了17套海洋水质浮标，这些浮标可以获取气象、高度等参数间隔15 min的监测数据，可获取水质间隔1 h的监测数据，可获取营养盐间隔4 h的监测数据，每年获取的监测数据量非常丰富。

广西壮族自治区海域水质监测：2013年11月至2015年2月，广西壮族自治区海洋局在广西近岸海域分3批布设了16套水质监测浮标，并在国家海洋局北海海洋环境监测中心站建设了数据接收处理中心，基本实现广西近岸海域海洋环境变化情况的实时监控。

（2）国外浮标发展现状

1）通用型浮标水质监测技术已经成熟。通用型水质监测浮标主要指当前已经产品化，并且能够满足常规海洋参数观测业务化运行的浮标。

2）重点发展多种专用型浮标。针对特定的应用需求，国外研制了多种专用浮标系统，代表性成果有海洋剖面浮标、海上风剖面浮标、海啸浮标、波浪观测浮标、光学浮标、海冰浮标、海气通量观测浮标和海洋酸化观测浮标等。

3）应用实例。

澳大利亚新南威尔士州河口藻华监测：新南威尔士州霍克斯伯里河内的藻华有明显的季节性，并响应非周期性干扰而发展。为了监测河口藻华，在新南威尔士州霍克斯伯里河的支流Berowra河口内布放了一个自主监测浮标，可以提前预测藻华的发生。

海洋污染物监测：海洋通常是一个脆弱的环境，需要保护其免受污染物的侵害。西方学者研发一种配备先进传感器的新型浮标来检测漏油。该系统用于检测海面碳氢化合物泄漏引起的环境污染。

2.3.5 浮标发展趋势

（1）单点向多点发展

由单点向网络化、综合化发展，长期、综合观测是海洋观测大趋势。将各种近海、远海定点观测平台相结合，大、中、小型浮标相协同，观测站点疏松、紧密相弥补，依靠这三者组成的区域，形成全球定点观测系统，能准确、有效、快速、及时地提供多种时空分辨率的综合立体的海洋浮标网络观测数据，是海洋资料浮标由单点向综合化发展的必出之路，使海洋观测进入多层、立体、多角度、全方位、全天候的新时代。

（2）通用型浮标向高精度、多功能综合观测发展

随着海洋观测技术的进步以及人们对海洋环境认识的不断变化，用户对通用型海洋观测浮标数据质量要求不断提高，同时要求观测参数不断增多。

（3）数据传输向大容量、实时传输方向发展

数据实时传输具有重要意义，特别是深远海大容量实时数据传输。我国海洋数据量也在不断增加。目前深远海数据通信受限于通用的海事卫星、北斗卫星通信数据量和价格，如何进行大容量、实时数据传输是目前急需解决的技术难题。另外，稳定高效的海洋资料浮标水下数据传输技术还不是很成熟，因此高效稳定的水声、激光数据传输也是一个重要发展方向。

（4）海洋资料浮标能源补给向多样化发展

目前，太阳能供电技术已经非常成熟，绝大多数浮标都采用太阳能加蓄电池的混合能源补给方式，但是随着长期连续观测要求的提高、搭载传感器的增多及观测功能的扩展，这种能源补给方式将不能满足要求，甚至会限制浮标的扩展。随着风能、波浪能、温差能等发电技术的发展与成熟，这些技术必将成为浮标能源补给的重要方式。

（5）海洋浮标建造将更多采用新材料

海洋浮标长期工作于海洋环境中，面临高盐、高湿、高温、暴晒、生物附着等恶劣环境，对材料要求特别高，国外的浮标已经开始大量采用复合材料、合金材料等。

2.4 潜水器

随着科学技术的发展，潜水器技术研究与开发日益成熟，潜水器作为新型海洋观测平台加速了人类对深海大洋的认识。潜水器按照是否可载人分为载人潜水器与无人潜水器。

2.4.1 载人潜水器

载人潜水器是由人员驾驶操作，配置生命支持和辅助系统，具备水下机动和作业能力的装备。载人潜水器可运载科学家、工程技术人员和各种电子装置、机械设备，快速、准确地到达各种深海复杂环境，进行高效的勘探、科学考察和开发作业，是人类能实现开发深海、利用海洋的一项重要技术手段。

载人潜水器按照潜深分类大致分为重型深海型（超过1 000 m级）和轻型中浅海型（低于1 000 m级）。目前，全球大约有96艘正在服役的载人潜水器，比较活跃的深海型潜水器大约有16艘。

据统计，2015年，全球有超过100万人次搭乘载人潜水器进行了下潜，载人潜水器的应用得到了广泛关注和普及。然而，受制于造价及运行费用，全球范围内仅仅有美国、中国、日本、俄罗斯、法国拥有和运营深海型载人潜水器。载人潜水器在水下科学研究、海洋工程实施与国防安全等方面发挥了重要作用，被称为"海洋学研究领域的重要基石"。

2.4.1.1 国外研究现状

1948年瑞士物理学家奥古斯·皮卡尔在气球设计原理基础上研制了全球首台不用钢索而又能独立行动的"的里雅斯特"号载人潜水器。此后，载人潜水器获得了突飞猛进的发展，20世纪60年代，全球首艘载人型深海潜水器"曲斯特Ⅰ"号在法国研制成功。

2.4.1.1.1 重型深海型载人潜水器

（1）美国

在"曲斯特Ⅰ"号研究基础上，以"阿尔文"号为代表的载人潜水器应运而生，真正开展了人类海底探测科考的活动。"阿尔文"号进行了多次具有重要的科学及重大的政治影响的作业，奠定了美国在世界载人潜水器领域的霸主地位，典型代表：1966年，在"阿尔文"号参与下成功完成了美国海军失事氢弹的打捞；1977年，在加拉帕戈斯断裂带首次发现了海底热液区，同时对其周围典型的生物群落进行了科学研究；1979年，在东太平洋洋中脊海域第一个探测并发现了高温"黑烟囱"，轰动世界科学界；1985年，成功调查并找到了"泰坦尼克"号沉船残骸。迄今"阿尔文"号已经成功完成了5 000次的下潜，是全球应用最为频繁和成功的载人潜水器，有力地带动了载人潜水器在深海科学研究、深海调查及军事等领域的应用。

（2）日本

作为海洋大国的日本，1971年10月成立了日本海洋地球科学技术中心，并在1989年完成了"深海6500"号载人潜水器的研制。该潜水器最大曾下潜到6 527 m深的海底，一直保持着世界载人潜水器深潜的纪录长达23年。据统计，"深海6500"号作业潜次已超过1 400次，是目前世界范围内仅次于"阿尔文"号应用最为成功的载人潜水器之一，在世界享有盛誉。日本于2013年启动了全海深潜水器"深海12000"号的研究计划，该潜水器采用了开创性设计理论，配备透明玻璃载人球壳，大大拓展了视野，可承载6名成员，具有大型存储、休息和浴室设施等空间，满足2 d的任务需求。

（3）俄罗斯

相比于美国和日本，俄罗斯同样具备强大的载人潜水器研制及应用能力，俄罗斯拥有目前世界最多的大深度载人潜水器，如"和平Ⅰ"号、"和平Ⅱ"号等。俄罗斯的潜水器具有显著的技术特点，最为著名和典型的是1987年研制的两艘6 000 m级和平系列双子载人潜水器，该潜水器携带的能量全球最大，工作能源是美国"海涯"号和法国"鹦鹉螺"号的2倍，能支撑潜水器在水下高达20 h的作业任务，同时具备高机动性能力，水下瞬时航速高达5 kn。

（4）其他

除上述深海作业型载人潜水器之外，2012年美国著名导演杰姆斯·卡梅隆出资澳大利亚工程师研制了一台万米级观测型载人潜水器"深海挑战者"号，实际该潜水器不算传统意义上的潜水器，但其标志性的深渊挑战及其采用的最新设计理论和技术却值得学习和借鉴。该潜水器下潜模式采用了最新的垂直式形式理念，降低了水阻，下潜的速度高达到150 m/min，下潜和上浮效率提高3倍以上；其配备了多种类型摄像头，2012年卡梅隆亲自驾驶"深海挑战者"号下潜到了10 898 m深渊，并对深渊进行全球首次高清电影拍摄，引起世界范围的关注。

2.4.1.1.2 轻型中浅海型载人潜水器

轻型中浅海型载人潜水器，大多使用全透明的载人舱体，具有质量轻、成本低、操作维护及布放回收简便等特点，主要依靠商业公司研发与运行，主要应用在近海海洋环境监测、海洋生态保护、海底考古、海底观光和电影拍摄等领域。比较有代表性的公司主要是美国的Fawkes、Triton、Imagine、Ocean gate，荷兰的flatworm，加拿大的Nutcase Research等。

2.4.1.2 国内研究现状

我国于20世纪80年代开展载人潜水器的相关研究工作。为实现海洋强国梦，科技部联合国家海洋局、中船重工、中国科学院等单位，在国家"863"重大专项下立项支持集中攻坚，开展"蛟龙"号载人潜水器的研制。2002年立项，2006—2009年设计建造、总装集成、水池试验；2009—2012年"蛟龙"号接连取得1 000 m级、3 000 m级、5 000 m级和7 000 m级海试成功；2012年6月，"蛟龙"号在马里亚纳海沟下潜7 062 m，创造作业型深海载人潜水器新世界纪录。2013—2017年，"蛟龙"号完成了152次下潜，获得了海量高精度定位调查数据和高质量的珍贵地质与生物样品。"蛟龙"号是中国第一台自行设计、自主集成研制的载人潜水器。"蛟龙"号的国产化率已经达到58.6%。"蛟龙"号载人潜水器的研制成功，提升了我国在深海技术领域的国际影响力，增强了中国海洋科技界走向深海的信心。

2009年，我国启动了第二台4 500 m级载人潜水器"深海勇士"号的研制，利用我国近几年积累的技术进步和经验，大幅度提高国产化设计、研制与测试能力，打造"中国智造"为核心的自主创新能力，攻克以浮力材料、深海锂电池、机械手为代表的深海核心技术及关键部件研发，为后续我国载人潜水器的谱系化建设打下基础。2017年6月完成了海试，49 d完成了28次下潜；2017年11月完成了对"深海勇士"号中国船级社入级检验。在7 000 m级"蛟龙"号和4 500 m级"深海勇士"号的研制基础上，我国向万米级深渊载人潜水器发起了冲击。

在科技部重点研发计划的支持下，我国开始研制全深海载人潜水器及其关键技术。2015年，上海海洋大学深渊科学与技术工程中心研制的万米级无人深渊潜水器"彩虹鱼"号完成南海4 000 m级海试，2018年11月奔赴马里亚纳海沟。中船重工第七〇二研究所研制了全通透观光潜水器"寰岛蛟龙"号，该载人潜水器可搭载11人，设备整体采用柱形和球形有机玻璃相结合作为主耐压体的新型设计方式。该载人潜水器于2016年完成海试，并投入运营。

2.4.2 无人潜水器

与载人潜水器相比，无人潜水器具有造价低和安全等特点，能长时间在压力很大的海底工作，可用于海洋调查、海底矿藏开发、水下工程施工、海上救助打捞、清理航道、水产养殖以及军事和国防施工等领域。根据控制方式的不同，无人潜水器可分为无人遥控潜水器（ROV）、自主式水下航行器（AUV）和水下滑翔机（AUG）。

2.4.2.1 无人遥控潜水器

无人遥控潜水器是一种灵活的水下运动平台。一般情况下，无人遥控潜水器搭载CCD照相机、自动变焦摄像机和机械手臂等传感器，在海面控制台配备监视仪。无人遥控潜水器作业深度可达几千米，可为海上石油平台、海底管道铺设、船身检查、海上安全和救援、考古工作以及渔业等服务。由于无人遥控潜水器以科考船为支持母船，本体平台上可以安装和携带多种设备和传感器，进行长时间、连续的海底测站调查及取样作业等。

我国的"海马"号4 500 m级无人遥控潜水器为无人、有缆系统，不同于载人潜水器，它通过脐带缆与水面母船连接，脐带缆担负着传输能源和信息的使命，母船上的操作人员可以通过安装在无人遥控潜水器上的摄像机实时观察海底状况，并通过脐带缆遥控操纵无人遥控潜水器及其机械手和配套的作业工具，从而实现水下作业。由于是无人有缆系统，无人遥控潜水器具有作业能力强、作业时间不受能源限制、无人员风险等优点，因而成为水下作业，尤其是深海作业不可缺少的装备。"海马"号是我国首台国产化率达到90%的深海无人遥控潜水器系统，也是目前我国自主研制的工作水深和系统规模最大的无人遥控潜水器系统。

2.4.2.2　自主式水下航行器

自主式水下航行器能自带电源，可在水下自由航行，在海洋开发和军事上应用广泛。目前，世界上有十几个国家正在从事无人潜航器研制，美国、挪威、俄罗斯、日本和西欧国家的研制处于领先地位。自主式水下航行器当前发展和应用得很快。

目前，美国最具有代表性的自主式水下航行器是伍兹霍尔海洋研究所研制的"远程环境监测装置"（REMUS）。REMUS是一种低成本的近海环境调查监测和多任务作业平台，得到美国海洋大气局和海军研究署的研究经费支持，在军事上主要用于水雷探查、目标监测、情报搜集和军事海洋学研究。REMUS搭载的设备主要有侧扫声呐、前视声呐、温盐剖面仪、多普勒流速仪、视频浮游生物记录器、浮游生物泵、辐射计、生物荧光计、光学后向散射计以及浊度传感器等。

日本为自主式水下航行器的研发投入了数亿美元，技术已经达到世界领先水平，但日本研制的自主式水下航行器主要用于民用的深海开发，极少用于军事领域。"水下探索者1000号"（简称AE1000）能独立探索到海底电缆，连续追踪电缆踪迹，并记录下电缆情况，内装有传感器、微型计算机和蓄电池。搭载的传感器主要有水压传感器、方位传感器、高度传感器、姿态传感器、声呐等。这些设备可使AE1000沿着预定航线进行Z字形高难度航行。

我国在"十二五"期间，研制和应用了"潜龙一"号和"潜龙二"号。我国与俄罗斯合作，研制出6 000 m的"CR-01"自主式水下航行器。哈尔滨工程大学研制潜深2 000 m的海洋探测智能自主式水下航行器。国内在自主式水下航行器方面的研究机构主要有中国科学院沈阳自动化研究所、哈尔滨工程大学、中船重工第七一〇研究所等。

2.4.2.3　水下滑翔机

水下滑翔机是一种节能型的自主式水下航行器。水下滑翔机通过调整自身的浮力，驱动上升下潜，通过固定机翼，获得动力，使其以锯齿形轨迹运动。当水下滑翔机运动到水面时，可以通过背部出水卫星天线与控制中心进行数据交换。由于水下滑翔机具有长续航能力，续航可达1个月，因此特别适合连续、长期、大尺度的海洋观测。天津大学自主研发的水下滑翔机"海燕"在南海北部水深大于1 500 m海域通过测试。中国科学院沈阳自动化研究所研制的"海翼1000"水下滑翔机在南海北部无故障连续工作91 d，创造了中国水下滑翔机连续工作时间最长等多项新纪录。

2.5 航空、航天观测平台

随着航空、航天遥感技术的发展，遥感技术逐渐应用于海洋探测。海洋遥感具有观测范围广、重复周期短、时空分辨率高等特点，可以在较短时间内对全球海洋成像，可以观测船舶不易到达的海域，可以观测普通方法不易测量或不可观测的参量，成为继地面和海面观测后的第二大海洋探测平台。

2.5.1 航空遥感观测

2.5.1.1 有人航空遥感

有人航空遥感主要用于海岸带环境和资源监测，赤潮和溢油等突发事件的应急监测、监视，以及卫星遥感器的模拟校飞和外定标，其离岸应急和机动监测能力、良好的分辨率、较大的空间覆盖面积及较高的检测效率，是其他监测手段不能替代的。主要的遥感器有侧视雷达、成像光谱仪、红外辐射计、激光荧光计、激光测深仪等。目前国际上很多国家都开展了大量的海洋航空监测工作，并投入业务运营。我国也在"十五"期间增加了一批航空遥感传感器，如成像光谱仪、微波散射计、Ku波段和L波段微波辐射计、激光雷达等，并于2002年冬季的海冰遥测中得到了应用，获得了大量的海冰观测资料。

2.5.1.2 无人机遥感

运用无人机遥感技术对海洋环境进行监测，不但可以弥补卫星、航空遥感经常因云层遮挡获取不到影像的缺点，同时解决了传统卫星遥感重访周期过长，应急不及时等问题；而且在拓展了固定观测站、专业调查船监测区域的同时，还有效解决了固定监测站点、专业调查船的工作效率与数据采集周期的瓶颈问题。无人机遥感技术是两项新兴技术的优势组合，不但拓展了无人机的应用领域，更为海洋环境监测提供了新的手段。未来的海洋环境监测将彻底告别单一模式的卫星、航空遥感观测或固定观测站和专业调查船的点、线观测模式，而是与无人机遥感技术相结合，真正做到海空一体、全海域、高精度、高实效的综合观测模式。

（1）国外发展现状

无人机最早出现在1917年，早期的无人驾驶飞行器的研制和应用主要用作靶机，应用范围主要是在军事上，后来逐渐用于作战、侦察及民用遥感飞行平台。第二次世界大战中，无人靶机用于训练防空炮手。第二次世界大战之后，将多余或者退役的飞机改装成特殊研究用机或者靶机，成为近代无人机使用趋势的先河。越南战争、海湾战争中，无人机被频繁地用于执行军事任务。以色列国防军主要用无人机进行侦察、情报收集、跟踪和通讯。1991年的沙漠风暴作战当中，美军曾经发射专门设计欺骗雷达系统的小型无人机作为诱饵，这种诱饵也成为其他国家效仿的对象。

1996年，美国国家航空航天局研制出两架试验机（无人战斗机）。无人驾驶战斗机执行的任务是压制敌防空、遮断、战斗损失评估、战区导弹防御以及超高空攻击，特别适合在政治敏感区执行任务。

20世纪90年代，海湾战争后，无人机开始得到飞速发展和广泛运用。20世纪90年代后，西方国家充分认识到无人机在战争中的作用，竞相把高新技术应用到无人机的研制与发展上：采用先进的信号处理与通信技术提高了无人机的图像传递速度和数字化传输速度；新翼型和轻型材料大大增加了无人机的续航时间；先进的自动驾驶仪使无人机不再需要陆基电视屏幕领航，而是按程序飞往盘旋点，改变高度和飞往下一个目标。

（2）国内发展现状

我国无人机的产业发展起步晚，在技术水平等各个方面跟发达国家相比有明显差距，但发展迅速。20世纪50年代我国正式开始研制无人机，60年代生产出了低速遥控靶机，70—80年代成功发展了"长虹"以及"长空1号"无人机。直到21世纪，我国的无人机工业才进入了飞速发展的阶段，北京航空航天大学、南京航空航天大学、西安爱生技术集团、南京模拟技术研究所等科研院所和公司研制了各种类型的无人机，但其用途仍以军事侦察为主。20世纪90年代，中国测绘科学研究院开始民用无人机的研制，较早应用于测绘领域。21世纪起，我国无人机遥感技术开始起步并快速发展起来。2012年开始，国内消费级无人机市场出现了爆炸性增长，深圳大疆创新科技有限公司将多旋翼的无人机飞机平台推向消费级市场。

（3）无人机遥感的特点

1）响应快速：无人机系统体积小，质量轻，运输便利，升空准备时间短，操作简单，可快速到达监测区域，机载高精度遥感载荷可以在1～2 h快速获取遥感监测结果。

2）图像分辨率高：无人机可进行近地表飞行，遥感获取图像的空间分辨率达到分米级，适于1∶10 000或更大比例尺遥感应用的需求。无人机搭载的高精度数码成像设备，还具有大面积覆盖，垂直或倾斜成像的能力。

3）自主性、灵活性强：无人机可按预定飞行航线自主飞行、拍摄，航线控制精度高。飞行高度为50～4 000 m，高度控制精度一般优于10 m，速度在70～160 km/h范围均可平稳飞行，适应不同的遥感任务。

4）操作简单：飞行操纵自动化、智能化程度高，操作简单，并有故障自动诊断及显示功能，便于掌握和培训；一旦遥控失灵或发生其他故障，飞机可自动返航到起飞点上空，盘旋等待。故障解除后，则可按地面人员控制继续飞行，否则自动开伞回收。无人机还具有轻小、滑翔保护、伞降保护等功能，可在很大程度上规避重大事故的发生。

5）适应性好：无人机遥感系统能够根据不同应用需求配置不同的遥感载荷和软件处理模块，可满足多种行业、不同类型的遥感监测任务需求。

6）使用成本低：无人机遥感系统的飞行操作相对简单，培训时间较短，设备存放、维护比较简单，可节省调机、停机等费用。

7）系统集成性强：无人机遥感系统与GIS系统快速集成，系统中的各个集成子系统可相互作用、相互关联，共同完成各种遥感应用任务。

2.5.2 卫星遥感观测

卫星遥感源于航空海洋遥感，又高于航空海洋遥感，是海洋遥感中的后起之秀。海洋卫星能够对全球海洋进行大范围、长时期的观测，为人类深入了解和认识海洋提供了其他观测方式都无法替代的数据源。卫星遥感广泛应用于海洋环境、海岸带、海面、海底地形、海洋重力场、海洋水色及渔场环境的调查与监测。海洋遥感卫星通过搭载各类遥感器来探测海洋环境信息，主要有水色传感器、红外传感器、微波传感器和合成孔径雷达。海洋遥感卫星按照功能可分为海洋水色卫星、海洋动力环境卫星和海洋监视监测卫星。目前，全球共有海洋卫星或具备海洋探测功能的对地观测卫星50余颗。美国、日本和印度等国家和欧洲地区均已建立了比较成熟和完善的海洋卫星系统。

截至2018年年底，我国已经发射了3颗海洋水色卫星（HY-1A/B/C）和两颗海洋动力环境（HY-2A/B）卫星，初步建立了我国的海洋卫星监测体系，为海洋环境立体监测体系的建立奠定了坚实基础。

2.5.2.1 国内发展现状

（1）海洋水色卫星

我国第一颗海洋卫星海洋一号A（HY-1A）卫星发射于2002年5月15日，这是我国自主研制和发射的第一颗用于探测海洋水色、水温的试验型业务卫星。卫星上搭载了两台遥感器，一台是10波段的水色扫描仪，另一台是4波段的CCD海岸带成像仪。HY-1A卫星的主要任务是探测海洋水色环境要素（包括叶绿素浓度、悬浮泥沙含量、可溶性有机物）、水温、污染物以及浅海水深和水下地形。海洋一号B（HY-1B）卫星于2007年4月11日发射，是HY-1A卫星的接替星，设计寿命为3年，截至目前，仍在轨运行稳定。HY-1B卫星是在HY-1A卫星基础上研制的，其观测能力和探测精度均有进一步提高。HY-1B卫星已获取全球各类水色图像数据17 000余景，并对我国近海300万km^{2}管辖海域的水色环境进行实时监测。另外，HY-1B卫星还能够通过回放境外数据，对世界各大洋和南北极区域水色环境的变化进行持续监测。与HY-1A和HY-1B相比，于2018年9月7日成功发射的HY-1C卫星，增加了紫外观测波段和星上定标系统，可提高近岸混浊水体的大气校正精度和水色定量化观测水平，加大海岸带成像仪的覆盖宽度并提高空间分辨率，以满足实际应用需要；增加了船舶监测系统，用于获取船舶位置和属性信息。HY-1C卫星扩建了海洋卫星地面应用系统，提高了处理服务能力与可靠性，可更好地满足海洋水色水温、海岸带和海洋灾害与环境监测需求，同时可服务于自然资源调查、环境生态、应急减灾、气象、农业和水利等行业。HY-1C与2019年发射的HY-1D卫星组网，组建成了HY-1C/D卫星工程。HY-1C/D卫星工程采用上午、下午卫星组网，可增加观测次数，提高全球覆盖能力。

（2）海洋动力卫星

海洋二号（HY-2）卫星是我国第一颗海洋动力环境卫星，该卫星集主、被动微波遥感器于一体，具有高精度测轨、定轨能力与全天候、全天时、全球探测能力。其主要使命是监测和调查海洋环境，获得包括海面风场、浪高、海流、海面温度等多种海洋动力环境参数，直接为灾害性海况预警预报提供实测数据，为海洋防灾减灾、海洋权益维护、海洋资源开发、海洋环境保护、海洋科学研究以及国防建设等提供支撑服务。

2018年10月25日，我国第二颗海洋动力环境卫星HY-2B成功发射。该卫星将与后续发射的HY-2C和HY-2D卫星组成我国首个海洋动力环境卫星星座，可大幅度提高海洋动力环境要素全球观测覆盖能力和时效性。HY-2B卫星载荷在HY-2A卫星的基础上添加了数据收集系统和船舶自动识别系统两个有效载荷。数据收集系统用于接收我国近海及其他海域的浮标测量数据。船舶自动识别系统可为海洋防灾减灾和大洋渔业生产活动等提供服务。与HY-2A卫星相比，该卫星在观测精度、数据产品种类和应用效能方面均有大幅提升。

（3）中法海洋卫星

中法海洋卫星（CFOSAT）是由中国和法国联合研制的海洋卫星，中国提供卫星运载、发射、测控、卫星平台和扇形波束旋转扫描散射计（SCAT）及北京、三亚、牡丹江地面站和数据处理中心；法国提供海浪波谱仪（SWIM）、数传射频组件及北极地面站和数据处理中心。双方约定，散射计载荷和生成的数据归中国国家航天局（CNSA）所有。波谱仪载荷和生成的数据归法国国家空间研究中心（CNES）所有。CFOSAT科学数据管理计划中规定，1级和2级数据产品可免费用于非商业用途。

CFOSAT主要任务是获取全球海面波浪谱、海面风场、南北极海冰信息，进一步加强对海洋动力环境变化规律的科学认知；提高对巨浪、海洋热带风暴、风暴潮等灾害性海况预报的精度与时效；同时获取极地冰盖相关数据，为全球气候变化研究提供基础信息。

CFOSAT将在500多千米的轨道上监测全球海面，获取全球海面波浪谱、海面风场、南北极海冰信息，进一步提高两个国家和国际科学界在观测研究、预报海洋气象，以及理解海-气相互作用、预测洋面风浪、监测海洋状况方面的能力，同时还能在大气-海洋界面建模、海浪在大气-海洋界面作用分析以及研究浮冰与极地冰性质研究等方面发挥作用，并可以对陆地表面参数进行观测，帮助人们更好地了解海洋动力以及气候变化。

CFOSAT将增强中国和法国的海洋遥感观测能力，为双方应用研究合作和全球气候变化研究奠定基础。

（4）国内海洋卫星发展规划

我国将按海洋水色环境卫星、海洋动力环境卫星、海洋雷达卫星3颗海洋卫星系列发展，使其达到业务化、长寿命、不间断稳定运行；建立海上辐射校正与真实性检验场；建立极地遥感接收系统；健全与完善北京、三亚、牡丹江、杭州地面接收站；逐步实现以自主海洋卫星为主导的海洋立体观测系统。建成天地协调、布局合理、功能完善、产品丰富、信息共享、服务高效的覆盖我国近海、兼顾全球的国家海洋卫星地面应用系统，实现产品多样化、数据标准化、应用定量化、运行业务化，满足海洋监视监测现代化、科学化、信息化、全球化的要求，为实施海洋开发战略与发展海洋产业提供强有力的技术支撑，提高海洋环境预报和海洋灾害预警的准确性和时效性，有效实施海洋环境与资源监测，为维护海洋权益、防灾减灾、国民经济建设和国防建设提供服务。

2.5.2.2 国外发展现状

（1）美国

1）美国海洋水色卫星。美国海洋水色卫星的有效载荷通常是多光谱扫描仪或成像仪。1978年，美国国家航空航天局（NASA）发射"雨云-7"（Nimbus-7）卫星，搭载的海岸带水色扫描仪（CZCS）证明了海洋水色遥感的可行性，自此海洋水色遥感技术不断进步，海洋水色成为卫星重要的观测内容。"雨云-7"卫星运行了7年半，在1986年停止运行。此后，1997年，NASA又发射了第二颗水色卫星"海洋星"（Seastar），后重命名为"轨道观测-2"（Orbview-2）卫星，其上搭载海洋观测宽视场遥感器（SeaWiFS）。此外，美国洛马公司在1999年12月和2002年5月分别发射了"土"（Terra）卫星和"水"（Aqua）卫星。这两颗卫星是"地球观测系统"（EOS）的重要组成部分，均搭载中分辨率成像光谱仪（MODIS）。

2）美国海洋动力环境卫星。美国海洋动力环境卫星可以携带微波遥感计、微波散射计、雷达高度计和合成孔径雷达。其中所携带的微波辐射计是被动式的微波遥感器，它本身不发射电磁波，而是通过被动地接收被观测场景辐射的微波能量来探测目标的特性。微波散射计、雷达高度计和合成孔径雷达都属于主动微波遥感器。地球轨道测地（GEOS）系列卫星由美国国家海洋与大气管理局管理，主要应用于天气预报、空间环境监测以及气象学研究。GEOS是由NASA喷气推进实验室（JPL）负责设计和制造的。GEOS卫星至今已经发展了3代，从最早的SMS衍生系列到第二代共计15颗。SMS衍生系列共有3颗，其中GEOS-1卫星和GEOS-2卫星用于重力测量；GEOS-3卫星用于海洋动力学实验。GEOS-1、GEOS-2、GEOS-3卫星于1975年在美国卡纳维拉尔角空军基地发射。1978年，SEASAT-A卫星在范登堡空军基地发射，它是NASA发射的首颗海洋卫星，主要任务是验证利用海洋微波遥感载荷进行空间探测海洋及有关海洋动力现象的有效性。1985年发射的"地球轨道测地"（Geosat）卫星可为海军提供高密度全球海洋重力场模型，以及进行海浪、涡旋、风速、海冰和物理海洋研究，获得高精度的全球海洋大地水准面精确制图，1990年退役。1992年发射的"托帕克斯"（TOPEX/Poseidon）卫星可用于全球高精度海面高度的测量，从而了解潮汐以及大洋环流，2005年10月9日停止运行，是迄今为止海面高度观测精度最高的卫星，也是最适合用于潮汐研究的测高卫星。1994年首颗第二代GOES-8卫星发射成功。1999年发射的"快速测风"（Quick Scat）卫星是由NASA研制的用于海洋风场观测的卫星，研制目标是重启NASA海洋风测量的计划，成功运行10年，2009年不再提供卫星观测数据。最新的一颗GEOS系列卫星是2016年11月发射的GEOS-16。

3）美国气象卫星。美国国防气象卫星计划（DMSP）卫星是美国国防部发展的军用极轨气象卫星，主要用于获取全球气象、海洋和空间环境信息，为军事作战提供信息保障。DMSP卫星于1962年首发，至2012年6月30日，共发展12个型号，发射卫星51颗，其中发射成功的有46颗。泰罗斯N/诺阿卫星是美国发展的民用极轨气象卫星，也可用于全球海洋、陆地和空间等环境监测。NOAA卫星是由NASA和NOAA合作研制。1970年12月发射第一颗NOAA卫星，至目前，共经历了5代。目前使用较多的是第5代，即1998—2009年发射的NOAA15-19卫星，搭载第三代先进的高分辨率辐射计用于海面温度的观测，搭载先进的微波探测仪用于海冰的观测。

（2）俄罗斯海洋卫星

1979年2月12日第一颗海洋卫星发射，用于卫星试验和海洋气象、大气物理参数的测量。1983年9月28日发射载有侧视雷达的试验卫星"宇宙-1500"，观测结果表明侧视雷达在海洋遥感应用中具有很大潜力。1988年7月5日，第一颗实用型海洋卫星（Okean-O1）发射成功，该系列卫星共发展了4代，主要开展海表温度、风速、海洋水色和冰覆盖等观测。

（3）日本海洋卫星

海洋观测卫星（MOS）是日本的第一个地球观测卫星系列，共发射了两颗。MOS-1卫星于1987年2月18日发射，是一颗试验型海洋观测卫星，主要用于测量海洋水色、海面温度和大气水汽含量。MOS-1B卫星于1990年2月7日发射，是一颗应用型海洋卫星，用于观测海洋洋流、海面温度、海洋水色等。MOS系列卫星采用太阳同步极轨道，轨道高度909 km，倾角99.1°，轨道周期103 min，回归周期10 d。

（4）法国海洋卫星

Jason系列卫星是法国CNES和美国NASA联合研制的海洋地形观测卫星，是"TOPEX/Poseidon"卫星的后继星，属于美国地球观测系统（EOS）的高度计任务卫星，主要用于海洋表面地形和海平面变化的测量。法国CNES负责平台、载荷和DORIS接收机的研制，NASA负责卫星发射；2001年12月7日，Jason-1卫星发射；2008年6月20日，Jason-2卫星发射。目前，Jason-2卫星正常在轨运行。

（5）欧洲航天局海洋卫星

欧洲遥感卫星（ERS）ERS-1卫星于1991年发射，用于环境监测，2000年服役结束。ERS-2卫星于1995年4月21日发射，2003年6月该卫星失去星上数据存储能力。

环境卫星Envisat-1于2002年3月1日发射，在轨服务10年。环境卫星是欧洲航天局（ESA）发展的对地观测卫星，用于综合性环境监测，是ERS的后继卫星。环境卫星采用太阳同步轨道，轨道高度800 km，轨道倾角98.5°。环境卫星搭载先进合成孔径雷达，主要用于获取海洋动力环境信息。

土壤湿度和海洋盐度卫星（SMOS）于2009年11月2日发射，目前仍在轨运行。SMOS卫星是ESA首颗用于监测全球土壤湿度和海洋盐度的卫星。SMOS卫星搭载的L频段合成孔径微波成像辐射计，具有全天候、全天时的对地观测能力，能够提供海面盐度信息，每10 d在200 km × 200 km面积内的平均测量精度为0.1。

（6）印度海洋卫星

海洋卫星（Ocean sat）是印度发展的专用海洋卫星，包括Oceansat-1卫星和Oceansat-2卫星，用于海洋环境探测，包括测量海面风场、叶绿素浓度、浮游植物以及海洋中的悬浮和沉淀物。Oceansat-1卫星是印度遥感卫星系统（IRS）中首颗用于海洋观测的卫星，它于1999年5月26日发射，2010年8月8日退役。Oceansat-2卫星于2009年9月23日发射，目前在轨运行。Oceansat-1卫星和Oceansat-2卫星的主要载荷有海洋水色监测仪、多频率扫描微波辐射计和扫描微波散射计。

（7）韩国海洋卫星

通信、海洋和气象卫星（COMS）是韩国发展的地球静止轨道卫星，用于提供朝鲜半岛及周边区域的气象和海洋监测。COMS-1卫星采用欧洲星-E-3000平台，卫星上携带有气象成像仪、地球静止海洋水色成像仪和Ka波段通信载荷3个有效载荷。地球静止海洋水色成像仪可监测朝鲜半岛周边海洋环境和海洋生态，还提供海岸带资源管理和渔业信息等。

通过对比我国与其他国家的海洋卫星发展现状，我们深刻体会到，大力发展海洋事业，事关国家的长治久安和经济社会的可持续发展。加强海洋的观测能力，准确监测海洋环境、精准预报海洋灾害、合理开发海洋资源、努力保护海洋环境、有效维护国家海洋主权与权益，实现海洋强国梦，是广大海洋工作者和海洋管理部门的神圣使命。

2.6 海床基海洋观测平台

海洋科学正经历着从海面作短暂的"考察"到海洋内部做长期"观测"的明显变化，海洋观测网也随着海洋调查技术和调查方式的变化而改变，如果把地面与海面看做地球科学的第一个观测平台，把空中遥感看做第二个观测平台，在海底建立的观测系统，将成为第三个观测平台，即海床基海洋观测平台。海床基海洋观测平台通常又称海底观测网。

海底观测网是指将各种观测仪器安装到海底，对海水层、海底和海底以下的岩石进行长期、动态、实时的观测。近年来，世界各国都加快了深海观测和海底传感器技术研发的步伐，特别重视海洋探测、水下声通信、海底矿产资源勘探等深海技术。海底观测网主要分为无缆锚系-浮标系统和有缆观测网系统两大类。根据观测技术，海底观测网可分为海底观测站、观测链和海底观测网络。

有缆海底观测网遵循海洋科学与技术的协同发展，是继地面/洋面和空间之后的第三个观测平台，对大洋洋底动力学的研究具有一定推动作用。有缆观测网的优点是能够提供不间断电力支撑，实现长期、连续、实时的海洋立体观测，获取不同时间、空间尺度的海洋过程数据，为不同领域的海洋科学家研究如台风、地震和海啸等海洋突发事件的过程提供翔实和精确的数据。有缆观测网的缺点是平台固定，可移动性差，需要与船载海洋观测和卫星、移动浮标观测相结合。

2.6.1 国外有缆观测网发展现状

（1）日本有缆海底观测网

1979年，日本气象厅建立了两条同轴电缆的在线类型海底地震观测网，该系统主要使用96～120 km长的同轴电缆作为主干网络的电力和信息传输介质，水下设备由多个海底地震仪和海啸压力计组成。20世纪90年代后期，由于海底光纤电缆技术的发展，东京大学地震研究所布设了两条海底地震观测网，都采用光纤电缆作为主干网，随后日本海洋科学和技术厅又布设了4条海底地震观测网。

1997年1月，东京大学地震研究科学家在环太平洋电缆上建立了海底地震观测站。1997年3月，日本海洋科学和技术厅建成了第一条光纤电缆的海底观测网。2006

年，日本开始建设地震–海啸实时观测网（DONET），第一阶段在室户海区建立大范围实时海底观测的基础设施，形成一个高密度的网络，以开展大范围、高精度的地震和海啸的连续观测。第二阶段从2010年开始建设，在纪伊半岛安装29个地震观测台站，2个岸基站，7个节点，450 km长的主干光纤电缆，2013年开始海底布设，2015年系统开始运转。水下关键设备主要是海底地震仪、海啸压力计、主干光纤电缆末端的多传感器平台。多传感器平台主要由一些测量环境参数的传感器组成：测流计、声学多普勒测流剖面仪、温盐深测量仪、温度探针、水听器、照相设备和石英压力计等。

　　日本有缆海底观测网的特点是发展起步早，以监测地震和海啸为主要目的。观测网规划长远，技术成熟。

　　（2）加拿大有缆海底观测网

　　加拿大有缆海底观测网主要由加拿大海洋网络（ONC）负责和管理。目前已建成和运转2个有缆海底观测网络：NEPTUNE 和VENUS。这2个观测网络都是由加拿大维多利亚大学运转和维护，数据通过网络从无人岸基站传输到数据中心。NEPTUNE是世界上第一个大区域尺度、多节点、多传感器的有缆海底观测网。该系统在水下有6个科学主节点，系统提供10 kW的电力和4 Gb/s的数据传输能力。NEPTUNE的科学主题驱动主要有5个：板块构造运动及地震动力机制、海底洋壳中的流体通量和增生楔内的天然气水合物、海洋和气候动力机制及其对海洋生物的影响、深海生态系统动力机制、工程及计算研究。VENUS是一个近岸尺度的海底观测网。此观测网，建设于2006年，在萨尼奇入口处布设了一条4 km长的单节点网，科学节点投放在100 m水深处，光纤电缆登陆点在加拿大渔业和海洋科学研究所。2008年，在佐治亚海峡布设了第二条40 km长的双节点观测网，2个科学节点从费雷泽三角洲延伸到佐治亚海峡。海底布设的仪器主要有温盐剖面仪、O_2传感器、声学多普勒流速仪（ADCP）、浮游动物声学剖面仪、水听器、沉积质捕获器、照相设备和一些自主研制的仪器。VENUS通过岸基站连接水下科学节点，通过岸站把数据传输到维多利亚大学数据和管理档案中心，通过次级电缆把水下次级接驳盒或科学仪器界面模块（SIIM）直接连到不同传感器和仪器上。

　　加拿大海底观测网的特点是在科学主题驱动下，建立了近海尺度的VENUS和区域尺度的NEPTUNE，观测网系统完善，预留和设计了为将来扩充的端口，开创了全球有缆海底观测网的典范和标准。加拿大有缆海底观测网的核心技术是SIIM。海底观测网组建过程中，使用了先进的水下机器人——海洋科学遥控操作平台（ROPOS）。海底观测网的观测数据全球公开。

（3）美国有缆海底观测网

美国已经建成大约10条有缆海底观测网。美国1996年建设完成长期生态系统观测系统（LEO-15），2010年开设建设海洋观测计划-区域尺度节点观测网（OOI-RSN），2011年建设阿罗哈观测网（ACO）。每一个观测网络都有各自的特定科学目标。

观测网布设的位置从海岸带、浅海峡谷地带到大洋的深海区域。1996年9月，美国新泽西州立大学率先在大西洋新泽西大海湾海岸带布设了LEO-15，它是比较早的有缆海底观测网，由一条约9.6 km长的海底光纤电缆连接科学节点，系统由布设在15 m水深的2个科学节点组成。观测网岸基站设在罗格斯大学的海洋和海岸带科学研究所内，长时间序列数据存储格式为网络通用数据格式（NetCDF）。罗希火山是夏威夷火山链中最年轻的火山，火山活动活跃，需要通过海底观测网开展长期、连续的观测。1997年10月，在夏威夷罗希火山顶部布设了一条47 km长的海底火山观测网（HUGO），岸基站设在夏威夷的霍努阿波。海底火山观测网的科学目标是观测海底火山及相关的物理海洋、生物、地质和声学现象。载人潜水器Pisces V对HUGO观测网进行布设和维护。与此同时，1997年，"胡安·德富卡"板块内的洋中脊海山区域也布设了一个新千年海底观测站（NEMO），重点观测热液喷口附近的地质、生物和化学相关的科学内容。

1998年9月，在东太平洋海域，利用废弃的通信电缆布设了夏威夷-2观测网（H2O）。该观测网对全球海洋地震台网的覆盖非常有利。数据传输到岸基站马卡哈，之后通过网络传输到夏威夷大学马诺阿校区。该系统主要由地震传感器、声学和环境传感器（包括海流计、温度和压力传感器）组成。H2O的科学目标是获取高质量的宽频带地震数据、实时高质量的粒子运动和声学数据。

2000年伍兹霍尔海洋研究所在埃德加顿南岸建立了一个大约4.5 km长的马萨葡萄园岛海岸带观测网（MVCO）。根据LEO-15观测网的经验，MVCO有2个科学节点，布设在7～14.5 m水深的海岸带区域，海底光电缆被埋在海底1～1.5 m深度。MVCO使科学家可以直接连续观测海岸带区域在各种环境条件下的环境参数，包括北大西洋强烈风暴的观测、海岸侵蚀、沉积质输运和海岸带生物过程。

2002年4月，蒙特利湾水生研究所（MBARI）和加州伯克利地震实验室（BSL）联合建立了蒙特利湾海底长期三分量地震台站（MOBB）。MOBB布设的主要目的是增加地震台站在海域部分的覆盖，通过联合陆上地震台站数据，更有利于地震震中的确定。地震台站布设在距离蒙特利湾40 km处的1 000 m水深处。

2005年灯塔公司和德州农机大学的参与者在阿曼海阿布巴卡拉（Abu Bakara）

海岸建立了灯塔海洋研究计划Ⅰ期锚系观测网（LORI-Ⅰ），2010年升级为有缆观测网。LORI-Ⅰ观测网安装了5个科学节点，水深从67 m到1 350 m，2007年在系统中安装了一个早期海啸预警系统（STEWS）。2010年在阿拉伯海的瑞斯阿尔汉德海岸建立了LORI-Ⅱ有缆观测网，总体354 km长的主干光电缆布设在海底，两台柴油发电机作为备用电力。2003年Lighthouse公司在阿曼海的苏丹海岸建立了实时的海洋观测锚系系统，2005年有缆观测系统开始获取数据，主要记录海流流速、压力、温度、盐度、传导率和溶解氧数据。2007年热带飓风古努（Gonu）通过北阿拉伯海的LORI-Ⅱ观测网和阿曼海的LORI-Ⅰ观测网，数据都显示了12.5 d的震荡波，记录了热带飓风"Gonu"通过深海的整个过程以及水速、温度、盐度和溶解氧的变化。

2007年3月，蒙特利湾水生研究所成功布设了52 km长的火星观测网（MARS）。MARS是一个布设在约891 km水深的单一科学节点网络，一共有8个湿插拔端口来连接海底仪器。MARS的科学目标是为美国海洋观测计划（OOI）提供测试基础，测试新的科学仪器和传感器技术，检测水下机器人的维护、布放和回收的能力。目前该观测网由MBARI管理和维护。

2009年2月，MOBB连接到MARS，成为海底观测网的一部分。

2010年开始，美国开展了海洋观测计划（OOI），包括3个部分：全球尺度节点、区域尺度节点、近海尺度节点。OOI的科学主题驱动主要是气候变化、海洋食物网和生物地球化学循环，海岸带海洋动力学和生态系统，全球和板块尺度地球动力学，湍流混合和生物物理相互作用，以及流体和岩石相互作用以及海底生物圈五大动力。2000年曾被美国科学家命名为NEPTUNE的观测网是海洋观测计划-区域尺度节点（OOI-RSN）。OOI-RSN总共在海底布设了7个科学节点，其中在水合物洋脊（Hydrate Ridge）、轴状海山（Axial Seamount）和耐力新港线阵列（Edurance Array Newport Line）各布设了2个，在中部板块（Mid-Plate）布设了1个，7个科学节点可作为将来可扩展的位置。在水合物洋脊节点，重点观测天然气水合物系统，确定天然气水合物对地震响应的时间演化；确定来自海底的物质通量和对海洋化学的影响；理解天然气水合物形成和消散与生物地球化学之间的耦合关系。在轴状海山科学节点重点观测活火山的活动，通过传感器监测岩浆喷出期间火山的膨胀和收缩、热液活动，以及在喷口处富存的生物群落。在耐力新港线阵列科学节点重点观测俄勒冈和华盛顿海岸上升流区的沿陆架和跨陆架流的变化。负责管理近海尺度节点的机构有华盛顿大学、伍兹霍尔海洋研究所、俄勒冈州立大学、斯克里普斯海洋研究所、新泽西州立大学、亚利桑那州立大学和加州大学圣地亚哥分校等。

美国有缆海底观测网的特点是在科学主题驱动下建立了近海尺度的LEO-15、MVCO、MARS和区域尺度的OOI-RSN;观测网系统完善,建立了不同研究重点的网络,如生态系统网络LEO-15,地震和火山观测网(H2O、NeMO和HUGO);不同观测平台相互连接完善、成熟,如浮标、锚系与有缆海底观测网的连接。观测网的建设具有全球性,包括短期和长期的观测;观测网使用无人遥控潜水器、自主式水下航行器和水下滑翔机等高新技术设备。

(4)欧洲国家有缆海底观测网

2004年4月,意大利和希腊合作在希腊佩特雷湾布设了气体控制模量有缆观测网(GMM)。GMM布设在海底甲烷气体蕴藏的麻点地区,大约离岸站400 m,水深42 m的位置。观测系统主要利用三脚架装置,配备短期的3个CH_4传感器、1个H_2S传感器和测温盐深的传感器。

2004年,欧洲国家开启欧洲海底观测网(ESONET),计划在北冰洋、大西洋、地中海和黑海等10个海区建立有缆海底观测网。① 北冰洋观测网:重点观测极地气候系统,生物多样性。② 挪威大陆边缘观测网:重点观测热盐环流与天然气水合物。③ 北海观测网:重点观测低纬度到高纬度热盐输运和湾流。④ 东北大西洋波克潘观测网:重点观测海洋深水环境和深海平原生物多样性。⑤ 大西洋洋中脊亚速尔观测网:重点观测生物多样性和极端环境下的生命。⑥ 伊比利亚大陆边缘观测网:主要监测大陆边缘地震和海啸。⑦ 利古里亚海观测网:其功能类似于MARS。⑧ 西西里岛东部海底观测网:重点观测地震和板块相互作用。⑨ 地中海希腊观测网:重点观测地震和反转流、深水环境。⑩ 黑海观测网:主要观测缺氧生态系统和天然气水合物。ESONET采用有缆和无缆两种观测站系统,获得的数据参考德国国际海洋数据中心的泛古陆"PANGEA"系统管理方式。

欧洲海底观测网的特点是跨不同海区,有各自的科学意义,观测网发展的平台多,包括早期移动平台和长期有缆观测平台,参与国家众多。

2.6.2 国内有缆海底观测网发展现状

国内主要有3条有缆海底观测网,分别是东海小衢山观测站、中国台湾地区的妈祖有缆海底观测网(MACHO)、中国南海三亚海底观测示范系统。

2006年,同济大学承担了"海底观测组网技术的试验与初步应用"重大科技攻关项目,并于2009年4月在上海附近的东海近岸浅水区建成海底观测试验站——小衢山海底观测试验站。试验站的科学主题驱动是研究长江口的泥沙输运和港口安全、观测海洋生态环境变化等。

小衢山观测站于2009年建成，系统主要由一个1.1 km长的主干光纤电缆，一个海底接驳盒和3种海底设备组成，海底设备为温盐剖面仪、声学多普勒流速仪（ADCP）和浊度仪。电力主要通过水文观测平台的太阳能板提供，目前系统仍在运转。

我国台湾省位于环太平洋地震带上，影响台湾的地震有70%发生在海域。台湾实施了"台湾东部海底电缆观测网"（marine cable hosted observatory，MACHO）计划。MACHO计划以地震和海啸监测为主。MACHO由于后来经费大大缩减，2011年11月只完成第一期建设，未来能否继续开展第二期建设，取决于台湾气象部门能否获得后续支持。MACHO于2011年12月建成，第一期已经建成一条主干光纤电缆45 km的观测网。海底仪器主要由宽频海底地震仪、加速度地震仪、温盐剖面仪、水听器和海啸压力计传感器组成。MACHO系统功能是用于监测台湾岛东北部的地震和海啸。

2013年5月，南海首个海底观测示范系统在三亚建成。三亚海底观测示范系统由岸基站、2 km长电缆、3个节点、11个主接驳盒、1个次接驳盒和3套观测设备组成。岸基站提供10 kW的高压直流点，接驳盒布放在20 km水深的海底。三亚海底观测示范系统是中国科学院重大科技基础设施预先研究项目，由中国科学院南海海洋研究所牵头，沈阳自动化所和声学研究所参与。其中，沈阳自动化所承担了水下接驳盒、岸基站监控系统和数据管理系统等研制工作。

国内有缆海底观测网的特点是发展起步较晚；观测平台集中在浅水区，如东海小衢山观测站在10 m水深处，MACHO最深位置在300 m水深处；连接的海底仪器或传感器数量比较少；重点观测的科学目标比较单一，如MACHO仅仅重点监测地震和海啸，没有化学传感器。

2.6.3　有缆海底观测网的关键技术

有缆观测网络可分为岸站、海底光电缆网络、科学节点与次级接驳盒、观测网仪器和传感器等海底设备。根据有缆海底观测网系统的组成，关键的技术有组网的接驳技术，高压直流输配电技术，水下湿插拔连接器技术，水下网络传输与信息融合技术，物理、化学和生物传感器技术，海底传感器和设备的防护技术，数据库管理技术，水下机器人的性能和操作人员的操控能力。

2.7　其他观测平台

2.7.1　水下拖曳系统

水下拖曳系统（TUV）是开展大面积、宽海域海洋立体监测的一种有效手段，具有高效、快速和实时测量的特点。拖曳系统可以根据研究对象搭载多种传感器，应用于许多海洋过程及特征研究。

2.7.2　无人水面艇

无人水面艇（unmanned surface vessel，USV）又被称为无人自动表面船、无人艇，是一种无人操作的水面舰艇。主要用于执行有危险以及不适于有人船只执行的任务。无人水面艇配备先进的控制系统、传感器系统、通信系统和武器系统后，可以执行多种战争和非战争军事任务，比如，侦察、搜索、探测和排雷，搜救、导航和水文地理勘察，反潜作战、反特种作战以及巡逻、打击海盗、反恐攻击等。在无人水面艇研发和使用领域，美国和以色列一直处于领先地位。目前各国都竞相研制无人水面艇。

2.7.2.1　无人水面艇开发意义

我国拥有约1.8万km的大陆海岸线、300万km²主张管辖的海域面积。作为海岸线绵长、海上争端频发的发展中大国，加强无人水面艇技术研究，对于维护海洋权益、合理开发海洋资源具有重要意义。

传统作业大船和工作艇的人工作业模式存在生产效率低、劳动强度大、安全风险高等问题。随着定位、导航、控制、通信、计算机等技术的不断升级，可以遥控或自主在水面上航行，能够完成一项或多项任务的无人水面艇技术出现。

无人水面艇可搭载水文、气象、测绘、监控等设备，开展海底地形地貌调查、水下目标物探测、海洋环境监测、物理海洋观测等方面的海洋调查，提高科技含量，丰富技术手段，很大程度上弥补了传统海洋调查的短板。

2.7.2.2　国内无人水面艇发展现状

国内无人水面艇的发展尚处于起步阶段，在民用上已取得一些进展。"天象1号"无人水面艇曾在2008年北京奥运会帆船比赛期间，作为气象应急装备为奥帆赛提供气象保障服务。目前主要有武汉理工大学和长江航道局航道处共同研制的无人航道测量船；上海大学无人水面艇工程研究院研发的无人水面艇样机"精海"系列；上海海事大学基于有人船进行改造、研发的"海腾01"号无人水面艇，用于海事管理；珠海云洲智能科技股份有限公司研发的无人水面艇科技系列产品已经成功实现产品化，广泛应用在测绘、环保、安防、军用等领域。

目前国内研究无人水面艇的单位超过100家，主要集中在高校、科研院所，且主要停留在样机阶段。目前国内研发无人水面艇的企业超过20家，具备产业化能力的不超过5家，且各家产品服务和面向的客户有所不同。国内比较知名的研究无人水面艇的单位包括北京海兰信数据科技股份有限公司、哈尔滨工程大学、中船重工第七〇一研究所、中船重工第七〇七研究所、中国科学院沈阳自动化所、北京方位智能系统技术有限公司、珠海云州智能科技股份有限公司等，无人水面艇家族正在日益壮大。

2.7.2.3　国外无人水面艇发展现状

（1）美国无人水面艇的发展历程

第二次世界大战期间，美国海军在无人水面艇上架设枪炮，通过远程操控实现远距离打击；20世纪70年代，无人水面艇被广泛应用于美军的反水雷舰艇系统；20世纪90年代，美国海军研发了具有自我防御功能的"罗博基斯基"（Roboski）号喷射性无人水面艇；2000年，在无人水面艇上安装执行机密任务的传感器平台，形成具有战斗力的无人水面艇船队；2002年，美国海军水下作战中心联合公司开始合作开发"斯巴达侦察兵"（Spartan Scout）无人水面艇；2007年，美国海军首次发布《海军无人水面艇主计划》，设定无人水面艇的7项使命任务；2013年，美国军方发布最新版《无人系统路线图》，对无人水面艇的近期、中期、远期的技术发展重点和能力需求做了说明。

（2）以色列无人水面艇的发展历程

以色列国防部研发的"保护者"（PROTECTOR）系列的无人水面艇，能在不暴露身份的情况下执行一些关键任务，降低了船员和士兵的作战风险。2005年以色列Elbit公司推出一款"黄貂鱼（Stingary）"号无人水面艇，能完成海岸物体识别、智能巡逻、电子战争等多项任务。

（3）英国无人水面艇的发展历程

在民用领域，2004年英国普利茅斯大学MIDAS科研小组开始研发"Springer"无人水面艇。该船为双体船，主要用途是在内河、水库和沿海等浅水水域追踪污染物，测量环境和航道信息，还用于传感器采集技术、测量技术以及能源控制系统的研究等。该船用直流电机驱动，使用同步定位与建图（simultaneous localization and mapping，SLAM）技术克服GPS定位可靠性不够高的缺点，能基于船舶航行环境预估船舶下一步位置。

（4）德国Veer公司的无人水面艇发展历程

德国Veer公司在1997年就开始研发无人水面艇，起始阶段研究工作主要集中在渔业，生产了"STIPS Ⅰ"和"STIPS Ⅱ"两种无人水面艇。在2005年，Veer公司研发了多任务的USV"MMSV Ⅲ"。

通过以上对国内外无人水面艇的发展历程分析，我们可以清楚地认识到我国无人水面艇研发存在历程短、技术落后、应用领域不广等缺点。

2.7.3　生物观测

限于南极恶劣的环境条件以及科学考察船和观测能力，对该海域开展长时间、大范围的密集和连续现场观测仍然比较困难，尤其是南极冬季的现场观测资料更显匮乏。为此，澳大利亚海洋研究所于2011年2—3月，在普里兹湾戴维斯南极站附近海域分批布放了21头携带小型CTD-卫星中继数据记录器的象海豹，以获取南大洋水文（温度和盐度）观测剖面。2012年澳大利亚借助综合海洋观测系统（IMOS），又捕捉了24头象海豹，安装自动温盐深观测仪（CTD-SRDLs）进行象海豹行为跟踪和海洋环境监测。当象海豹进入海中觅食和迁徙时，平均每日能够获得2～3条CTD剖面，通过"百眼巨人"系统（ARGOS）把剖面观测数据发送到法国海事及环境监测公司（CLS）数据中心。然后由英国圣安德鲁斯大学海洋哺乳动物研究中心（SMRU），采用类似于地转海洋学实时观测阵（ARGO）计划规定的数据质量控制方法，对每个观测剖面进行处理及质量控制，经校正后的水文数据估计温度精度为 ±0.03 ℃、盐度精度为 ±0.05。利用象海豹获得大量观测数据，弥补了冬季人类无法观测的不足。

2.8　立体化观测

海洋环境立体化观测是指针对海洋权益维护、海洋防灾减灾、海洋生态保护、海洋资源开发、海上工程与航运、海洋现象研究及海上国防建设等对海洋环境监测数据和海洋监视信息的总体需求，结合新型智能化海洋环境要素多平台传感器与数据获取技术、多平台遥感与监视技术、移动目标探测与识别技术、数据通信与链路技术等，建立天基、空基、海岸/海岛基、海面、水下、海床基等多位一体，涵盖从近岸至远海、从海底至海空的海洋环境立体监测监视系统，对区域海洋实施同步、实时、长期、连续的监测和监视，并向相关单位提供多媒体信息服务。

2.8.1 立体化观测技术

国际海洋观测的目标是构建覆盖全球的立体观测系统。海洋环境立体化观测技术主要包括天基海洋观测技术、空基海洋观测技术、岸基海洋观测技术、海基海洋观测技术、潜基海洋观测技术、常规海洋观测技术。

航天遥感技术应用于海洋探测形成天基海洋环境监测技术。天基海洋环境监测技术依赖于卫星遥感搭载各类遥感器来探测海洋环境信息。卫星遥感的优势有卫星所处位置不受地理、天气和人为条件的限制；可以观测几千至几万平方千米，在海洋灾害监测、资源普查、测绘制图等方面，实现大面积的同步观测；可以在几天之内或周期性地对同一海区进行重复观测，可监视大洋环流、海面温度场、鱼群迁移、污染物漂浮等；能同时进行海面风场、高度场、温度场、浪场、重力场、大洋环流等相互作用和能量收支情况的综合观测，数据获取效率高。

航空遥感技术应用于海洋探测形成空基海洋环境监测技术。航空遥感是指利用各种飞机、飞艇、无人机等作为传感器运载工具在空中进行的遥感技术。它是一个综合性的技术系统，主要包括遥感平台、传感器、对地定位导航系统、数据记录、数据传输与通信、遥感图像的快速解译和分析系统。航空遥感具有宏观大尺度、快速、同步和高频度动态观测等突出优点，还具有机动灵活、空间分辨率高等优势，可开展周期短、尺度小的海洋常规监测，如港湾、锚地、航道、海域使用和海上使用勘探等监测，以及应急监测如赤潮、绿潮、溢油等。

海洋监测的实现必须搭载测量传感器的监测平台，没有平台就无法实现海洋环境的监测。岸基海洋环境监测属于固定监测，依赖于固定监测平台。

海基海洋环境监测技术主要指通过海洋测量船、无人水面艇和浮标搭载各种物理生化传感器、光电探测器、水声探测器、水质采样与分析装置、鱼群及相应生物链探测等装置对海洋环境进行监测的技术。

潜基海洋环境监测技术主要指潜水器监测技术、Argo浮标监测技术、海床基和海底观测网监测技术、浅地层剖面监测技术、水下地形监测技术等。

常规海洋环境监测技术包括海洋水质参数监测、海洋油类与重金属监测、海洋有机污染物监测、海洋放射性污染监测、海洋生物监测。

2.8.2 全球观测系统现状

全球海洋观测系统，从空间、空中、岸基、水面、水下等多平台对海洋各个区域进行综合立体观测。建立海洋环境立体监测系统，可以为开发海洋资源、保护海洋环境、预警海洋灾害、发展海洋科学、维护海洋权益提供科学技术支持。

2000年启动的全球海洋观测网（国际ARGO计划）的计划目的是建立一个实时、高分辨率的全球海洋中上层监测系统。世界各国在关键海区建立起多参数、长期、立体、实时监测网，有效、连续地获取和传递海洋长时间序列综合参数，为本国的海洋生态与环境研究、生物资源研究和军事海洋学研究提供资料。

自国际ARGO计划启动以来，在美国、日本、英国、法国、德国、澳大利亚和中国等30多个国家的共同努力下，2007年10月，在全球无冰覆盖的开阔大洋中，建成一个由3 000多个Argo浮标组成的实时海洋观测网，用来监测上层海洋内的海水温度、盐度和海流，以帮助人类应对全球气候变化，提高防灾抗灾能力，以及准确预测诸如发生在太平洋的台风和厄尔尼诺现象等极端天气/海洋事件等。这是人类历史上建成的首个全球海洋立体观测系统，标志着海洋环境监测进入立体化监测的时代。

目前，国际海洋观测系统主要覆盖中国、美国、加拿大等国家。

中国实时海洋观测网是我国海洋观测史上唯一以深海大洋观测为主，覆盖范围最大、持续时间最长，且建设资金投入最少的海洋立体观测系统。自2000年国际ARGO计划启动到2015年，15年中，中国实时海洋观测网建设从西北太平洋起步，逐渐拓展到北印度洋和南太平洋海域，在全球Argo实时海洋观测网中布放剖面浮标的数量曾从排名第十位上升到第四位。与此同时，伴随着我国近岸和离岸海洋观测能力的不断提升，海底观测网的建设也已进入战略研究阶段，并且海洋观测网具有向着多平台集成、实时观测、立体化观测、长期连续观测和高分辨率观测等方向发展的趋势。如此的趋势必将从技术、可靠性和稳定性等层面对入网海洋观测仪器提出更高的要求。经过十多年的发展，我国立体化海洋观测技术日趋成熟，但在我国海洋观测平台上使用的核心海洋观测传感器的进口率仍然较高。体现在两个方面：一是总体上看，网络化观测仪器管理体系不健全，海洋观测仪器的开发、生产、应用和管理不协调。独立掌握数据采集、后期维护和改进技术难度大，在一定时期的海洋观测活动中存在设备故障、重要信息泄露等问题，一些核心技术有待解决，传感器技术的产业转型也需要通过现场监测和实验应用加以控制和改进。二是单方面看，我国虽然在传统海洋观测与探测技术方面取得了长足进步，并逐步达到国际先进水平，但在新型传感器和特殊功能传感器方面仍存在差距，甚至差距越来越大。因此，我国应努力摆脱这种局面，提高水下观测和探测设备的综合性能，努力实现关键传感器的全方位定位。在跟踪移动平台、网络观测等平台技术研究热点的同时，有效应对未来传感器小型化、低功耗和污染防治的挑战。

美国建立了永久性的全国海洋立体观测系统，有175个海洋观测站、80个大型浮标等。该观测系统主要由缅因湾、卡罗莱纳近海、蒙特利湾等区域性海洋观测系统组成。美国国家基金委海洋科学部门设立了海洋观测计划（OOI），计划利用国内国际合作，迅速发展海洋观测的科学计算、数据传输、传感器设计等能力。1994年由罗格斯大学与伍兹霍尔海洋研究所联合建立了长时间生态观测计划（LEO-15），其目的是建立一个长期的近岸生态观测系统。这个系统建立在水下15 m，离岸大约9 km，通过电缆/光缆由岸基站输送电力和数据，缆线支持水下台站与岸基站的双向、实时、高带宽的数据交换（包括视频），科学家们可以通过互联网直接观测并操控水下台站的试验。2000年，由伍兹霍尔海洋研究所的LEO-15的原班人马再次启动了Martha Vineyard海域观测计划（MVCO），其目的是研究大气与海洋之间的热与水交换，包括海洋如何影响其生物的生长、沉积质输运过程如何影响军事水雷的覆盖或出露、水下气泡和涡流如何影响声呐或其他信号的传播等。

2001年，加拿大不列颠哥伦比亚南部的近岸海底观测系统——维多利亚海底实验观测网（VENUS，又称金星计划），对海洋现象提供了连续、长期的监测手段，用于发现由自然力和人为影响下海洋环境的改变。

2.8.3　全球观测系统组成

在海洋站、船舶、锚系浮标等传统海洋观测手段和安德拉海流计、直读温盐计、手持气象仪等常规仪器的基础上，岸基/船载雷达、航空/卫星遥感、全球自沉浮式剖面探测浮标阵列、漂流浮标、水下滑翔机、温盐剖面仪、声学多普勒海流计（ADCP）、自动气象仪等多种新型手段和仪器设备已经广泛应用于各国和各类国际合作计划的海洋观测/监测/调查活动中。ARGOS卫星、铱卫星和全球数据传输系统（GTS）等传输手段的迅猛发展亦已解决了资料传输量少和实效性差的问题。国际海洋资料已基本步入自动化获取传输和实时/定期更新时代，海洋资料获取能力不断提升。世界各国均已逐步建立起由岸基、海基、天基和空基等组成，覆盖沿岸、近海、深远海的海洋资料立体获取网络，同时随着全球海洋计划的持续推进和发展，全球已逐步形成一个天空—大气—海面—海底无缝连接的综合性海洋资料获取体系。

2.8.4 海洋时空基准网

海洋时空基准网是地基时空基准网和空间时空基准网在海洋上的自然延伸。目前，联合空中全球导航卫星系统、水中声学、海面及海底压力计等技术，可以将全球统一的时空基准传递到海洋内部，已建立了若干区域的海洋时空基准站网。这些时空基准网一般采用无缆方式。海底观测方舱内仅包含声学应答器等装置，对这些基准点定期进行复测。

在浅海充分验证海底方舱性能的基础上，2019年我国在南海3 000 m水深的海域建立了5个长期稳定的海底基准点，初步定位结果内符合精度优于5 cm，实现了高精度永久性海底基准点从无到有的突破。未来我国构建的海洋时空基准网的空间基准可统一于我国现行的2000国家大地坐标系（China Geodetic Coordinate System 2000，CGCS2000），时间基准可统一于高精度北斗时（Bei Dou time，BDT）。在观测网建立和维护的过程中，声波较低的传播速度导致传输时延长、多普勒频移严重，再加上海浪、洋流、温度、盐度及海底地貌等因素的综合作用，水下声波探测和通信的距离、精度、可靠性受到极大影响，成为提升水下空间透明性的重大障碍。因此，三维高精度声速场的构建是亟须解决的瓶颈。

2.8.5 海洋环境监测与感知网

海洋环境监测与感知网的组网方式通常有2种：① 在离岸较近的海域铺设光电复合缆，将海底传感器与陆地基站连接起来，这种方式可以长期供电，数据传输快捷便利，运行时间长，但建设成本高；② 在离岸较远的海域布设无缆锚系——浮标系统，不用布设电缆，采用电池供电，浮标通过卫星实现数据传输，这种方式的电力供应和数据传输受到限制，工作时间短，但相对经济。

总之，海洋观测正朝更高（灵敏度）、更精（分辨率）、更快（实时性和时效性）、更广（观测范围）、更宽（多任务、多层次、多功能协同）、更准（精度）、更智能（智能化和集成化）、更深（深远海）、更轻型便携、更节约（能源利用）等方向发展。世界各国越来越重视对海洋进行多维度立体观测，并不断提高海洋观测技术水平，建立高精度立体的海洋观测网，自主研发核心装备，形成以信息化、服务化、智能化为主要特征的智慧海洋。

2.9 小 结

海洋调查和逻辑思维是通向海洋科学殿堂的必由之路。实践是了解海洋的第一步。各种仪器仪表和平台，是人类认识海洋、了解海洋、开发海洋的工具。海洋观测要素多种多样，海洋观测技术和平台也种类繁多，但是根据立体化发展趋势，总结概括起来如下：

1）岸基海洋观测平台。岸基海洋观测平台，优点是依托海岸，投资少，风险小，观测资料可以长期连续，是国家海岸工程必不可少的资料积累，是我国海洋观测的有力措施。但是由于部分在岸边，对远离海岸的海洋要素变化监测无力，并且会受到近岸水浅的影响，许多要素代表性差。加之岸基台站数量有限，监测范围也受到诸多限制。

2）海基观测平台。海基观测平台主要包括海洋调查船、浮标站和各种潜水器等。海基观测平台是当前海洋调查中应用最多的工具。

3）空基和天基观测。它们的优越性主要表现在大范围灾害评估、海岛巡视、海上事故应急调查等。弥补了单点调查覆盖面太小和非同步的不足。

4）海床基观测。海底观测网已逐渐成为海洋观测和海洋过程的第三种平台，将成为今后理解和观测海洋过程的主要观测方式之一。

5）无人水面艇观测平台。无人水面艇可搭载水文、气象、测绘、监控等设备，开展海底地形地貌调查、水下目标物探测、海洋环境监测、物理海洋观测等方面的海洋调查，无人水面艇观测平台科技含量高，技术手段丰富，在很大程度上弥补了传统海洋调查的短板。

6）立体化观测。由于海洋要素彼此关联紧密，了解它们的协同变化规律是海洋科学发展的趋势。因此，立体化同步观测是海洋调查发展的必然趋势。

思考题

1）什么是立体化观测系统？为什么立体化观测系统具有广阔的发展前景？

2）通过对本章节的学习，你认为我国在海洋观测平台上存在哪些优势和短板？需要什么样的人才？

参考文献

曹文熙，孙兆华，李彩，等.水质监测浮标数据采集和接收系统设计及其应用[J].热带海洋学报，2018（5）：1-6.

陈练，苏强，董亮，等.国内外海洋调查船发展对比分析[J].舰船科学技术，2014，36（S1）：2-7.

化娜丽，陈小刚，陈萍，等.海洋环境监测立体感知体系[J].中国海洋平台，2021，36（1）：78-83.

惠绍棠.关于建立中国海洋观测系统的国家计划——美国制订并实施全国性的海洋立体观测系统计划给我们的启示[J].海洋开发与管理，2001（1）：40-45.

焦明连，卢霞，张云飞，等.海洋环境立体监测与评价[M].北京：海洋出版社，2019.

康寿岭.中国海洋环境观测系统的建设与发展[J].海洋技术，1998（4）：7-11.

李福荣.国外海洋调查装备发展概况[J].海洋湖沼通报，1984（1）：72-79.

李慧青，朱光文，李燕，等.欧洲国家的海洋观测系统及其对我国的启示[J].海洋开发与管理，2011（1）：1-5.

李立立.基于海洋台站和浮标的近海海洋观测系统现状与发展研究[D].青岛：中国海洋大学，2010.

廖又明.载人深潜器HOV在海洋开发中的运用及现状：海洋考察中的HOV特征、用途、能力及作用[J].江苏船舶，2002（5）：38-42.

刘保良，陈旭阳，魏春雷，等.水质监测浮标在广西近岸海域水质评价中的应用[J].科技资讯，2019（21）：183-184.

刘松堂，赵宇梅，司惠民，等.生态水质监测浮标环境适应性的研究[J].海洋技术，2013（3）：74-77.

刘增宏，吴晓芬，许建平，等.中国Argo海洋观测十五年[J].地球科学进展，2016，31（5）：445-460.

芦颖，杨立，邱泓铭.海洋观测仪器业务化应用管理的思考与建议[J].海洋开发与管理，2015（5）：59-64.

马宇坤，戴俊.海洋立体环境综合观测系统的设计与实现[J].雷达与对抗，2015，35（2）：5-7.

孟庆龙，李守宏，孙雅哲，等.国内外海洋调查船现状对比分析[J].海洋开发与管理，2017，34（11）：26-31.

莫知. 贝格尔号：重塑人生之船［J］. 海洋世界，2011，449（12）：40-43.

任允武. 海洋调查船［J］. 海洋科学，1979（S1）：41-44.

侍茂崇，李培良. 海洋调查方法［M］. 北京：海洋出版社. 2018.

舒易强，马光明，元德仿，等. 水质监测浮标的技术现状和展望［J］. 海峡科技与产业，2019（4）：105-106.

吴园涛，任小波，段晓男，等. 构建自立自强的海洋科学观测探测技术体系的思考［J］. 中国科学院院刊，2022，37（7）：861-869.

徐开兴. "东方红2"号海洋调查船下水［J］. 现代舰船，1995（10）：45-46.

于宇，黄孝鹏，崔威威，等. 国外海洋环境观测系统和技术发展趋势［J］. 舰船科学技术，2017，39（12）：179-183.

翟璐，倪国江. 国外海洋观测系统建设及对我国的启示［J］. 2018，1（36）：33-39).

张炳炎. 发展中的海洋调查船［J］. 上海造船，1997（2）：24-27.

张炳炎. 我国海洋调查船的现状与未来［J］. 世界科技研究与发展，1998（4）：36-43.

张丽瑛，张兆德. 海洋科学考察船的现状与发展趋势［J］. 船海工程，2010，39（4）：60-63.

张思玮. 点线联通布网探海——记海洋综合立体观测网络［J］. 科学新闻，2020（4）：68-69.

赵聪蛟，孔梅，孙笑笑，等. 浙江省海洋水质浮标在线监测系统构建及应用［J］. 海洋环境科学，2016（2）：288-294.

赵红萍，方松. 我国海洋渔业资源环境科学调查船发展现状与对策建议［J］. 中国渔业经济，2013，31（1）：160-163.

中国科学院声学研究所，中国科学院沈阳自动化研究所，中国科学院南海海洋研究所，中国科学院资源环境科学与技术局. 小水线面双体新型科学考察船"实验1"的运行与发展［J］. 中国科学院院刊，2011，26（1）：112-114.

中华人民共和国生态环境部. 2021年中国海洋生态环境状况公报［Z］. 2022.

中华人民共和国自然资源部. 2017年海岛调查统计公报［Z］. 2018.

周宁. 中国远洋调查船发展现状及未来设想［J］. 舰船科学技术，2014（S1）：15-20.

Coad P，Cathers B，Ball J E，et al. 基于人工神经网络的自动监测浮标主动管理河口藻华［J］. 环境建模与软件，2014，61：393-409.

Moroni D，Pieri G，Salvetti O，et al. 溢油预警检测的传感浮标［J］. 海洋学方法，2016，17：221-231.

3　海洋水质调查

① 了解常规海洋调查要素和污染调查要素内容。

② 掌握海洋水质要素调查的基本方法和内在科学意义。

③ 了解水质要素调查的目的和意义，增强环境保护意识和责任。

④ 了解实践出真知的道理，以及实践在科学发展中的重要意义。

海洋水质调查包括常规要素调查和污染要素调查。海洋水质调查主要有水样采集前的准备工作、水样采集与保存、水样的分析测定方法以及数据的处理。

3.1　水样采集器

水样采集时，将采水器挂于绳索和钢缆上，从预定的采样深度封入一定体积具有代表性的水样，可以保证不会混入其他深度水样，而且在水样取回和分样之前，在采水器停留时间内待测化学组分不变。采样的方式常用直立式采水器，如果表层污染，则关闭采水器，到一定深度再打开，在到达预定深度采水后，再关闭采水器，提升取回。采水器的要求是冲刷性好、封闭性能强、惰性材料制作、质量轻及附加测温装置。根据各调查要素分析所需水样量和对采水器材质的要求（如重金属样品不得用金属采水器），选择合适容积和材质的采水器，并洗净。目前常用的采水器有南森采水器、范多恩采水器、尼斯金采水器、Go-Flo采水器。

南森采水器又称颠倒采水器、南森瓶。主要组成：下端由螺丝固定，上端有弹簧夹，两端有锥形阀门，带颠倒温度计，材质为黄铜镀铬，容积小（1.2~2.0 L）。机械性能和封闭性能较好，但冲刷性能不好。黄铜材质，耐腐蚀性差，现常用环氧树脂或塑料涂内外层，也有用聚碳酸酯做材料。颠倒采水器可以按照一定距离成串布放在不同采样水层，当第一个采水器上端的挡片移开而颠倒后，重锤继续自由下落，撞在第一个采水器下端固定架的小杠杆上，使其下配置的第二个重锤沿钢丝绳自由下落，到一定距离后撞在第二个采水器上端的撞击开关上，如此继续下去，可在一次布放过程中采取不同深度的水样，同时测定各水样所在水层的水温。

范多恩采水器1956年开始使用，由于容积大（1.7~60 L），冲刷性好，一度被广泛使用。但是此采水器封闭性能欠佳，塞子和弹簧可能污染水样，一定程度上限制了它的应用。

尼斯金采水器原理与范多恩采水器相似，材质为塑料，内部有橡胶弹簧，容积为1.2~60 L。该采水器冲刷性良好，封闭性能比范多恩采水器有改进，但是橡胶弹簧可能污染水样。尼斯金采水器可串联使用，即采水瓶装在支架上。根据不同型号，可装12个或24个采样瓶。驱动装置的作用是颠倒温度表和关闭采水瓶。通过遥控，可使每个瓶在所需深度采水，并可使几个瓶在同一深度采水。

Go-Flo采水器由塑料制成，内涂聚四氟乙烯，球形阀门，封闭性能好。关闭后，系统弹簧在外部，不会污染水样。可用压力开关启动，采水器下放后，两个球盖敞开，到达预定采水深度后，释放重锤使两个球盖关闭取样，即可采取闭—开—闭方式采样，防止表层污染。与范多恩和尼斯金采水器相比，冲刷性略差，价格高。

3.2 海洋水质常规化学要素调查

海洋水质常规化学要素监测项目有溶解氧、pH、总碱度、悬浮物、主要营养元素、氯化物及溶解无机碳等。其中，营养元素（又称营养盐或生源要素，通常是指氮、磷、硅等）与海洋生物生长密切相关，是海洋初级生产力和食物链的基础，所以除专项调查以外，常规的海洋水质调查中营养元素的分析是主要调查项目。

3.2.1　海水溶解氧的测定

溶解在海水中的氧是海洋生命活动不可缺少的物质。它的含量在海洋中的分布，既受化学过程和生物过程的影响，还受物理过程的影响。这方面的研究，从19世纪就已经开始。在20世纪初期建立了适合现场分析的温克勒方法以后，进展比较快，20世纪40年代前后，已取得了关于大洋中氧含量分布的比较完整的资料。海水中溶解氧的测定方法有碘量法、分光光度法、膜电极法、荧光萃灭法等。

3.2.1.1　碘量法

（1）样品采集及贮存

使用容积约120 mL的棕色磨口硬质玻璃瓶作为水样瓶（事先准确定容至0.1 mL），瓶塞应为斜平底。将乳胶管的一端接上玻璃管，另一端套在采水器的出水口，放出少量水样洗涤水样瓶2次。然后，将玻璃管插到水样瓶底部，慢慢注入水样，并使玻璃管口始终处于水面下，待水样装满并溢出水样瓶体积的1/2时，将玻璃管慢慢抽出，瓶内不得有气泡。每一水样装取2瓶。立即用自动加液器（管尖紧靠液面下）依次注入1.0 mL 2.4mol/L的氯化锰溶液和1.0 mL 1.8 mol/L的碱性碘化钾溶液固定，应注意此加液管外壁不得沾有碘试剂。加液后立刻塞紧瓶盖并用手指压住瓶塞和托起瓶底，将水样瓶缓慢地上下翻转20次。将水样瓶浸泡于水中，有效保存时间为24 h（对于受有机物污染严重的水样，则须立即滴定）。

（2）方法原理

水样中的溶解氧与氯化锰和碱性碘化钾溶液反应，生成高价锰棕色沉淀。沉淀加酸溶解后，在碘离子存在下即释出与溶解氧含量相当的游离碘，然后用硫代硫酸钠标准溶液滴定游离碘，换算出溶解氧。

（3）测定步骤

1）硫代硫酸钠溶液的标定。用移液管吸取15.00 mL碘酸钾标准溶液，沿壁注入250 mL碘量瓶中，用少量水冲洗瓶内壁，加入0.6 g碘化钾，混匀。再加入1.0 mL 25%（体积分数）的硫酸溶液，再混匀，塞好瓶塞，放置暗处静置2 min。取下瓶塞，沿壁加入110 mL水，放入磁转子，置于电磁搅拌器上，立即搅拌，并用0.01 mol/L硫代硫酸钠进行滴定，待试液呈淡黄色时加入3~4滴淀粉指示剂，继续滴至溶液蓝色刚消失。

重复标定至2次滴定管读数相差不超过0.03 mL为止。记下滴定管读数。

2）水样滴定。水样固定后，待沉淀物沉降聚集至瓶的下部，便可进行滴定。

将水样瓶上清液倒出一部分至250 mL的锥形瓶中，立即向沉淀中加入1.0 mL 25%

（体积分数）的硫酸溶液，塞紧瓶塞，震荡水样瓶至沉淀全部溶解。

将水样瓶内溶液沿壁倒入上述锥形瓶中，将其置于电磁搅拌器上，立即搅拌，并用0.01 mol/L的硫代硫酸钠滴定。待试液呈淡黄色，加入3～4滴淀粉指示剂，继续滴至溶液蓝色刚消失。

用锥形瓶中的少量试液洗涤原水样瓶，再将其倒回原锥形瓶中，继续滴定至无色。20 s后，如试液不呈淡蓝色，即为终点。将滴定所消耗的硫代硫酸钠体积记录下来。

3）试剂空白实验。取100 mL海水，加入1.0 mL 25%（体积分数）的硫酸溶液，1.0 mL 1.8 mol/L的碱性碘化钾溶液，混匀，加入1 mL 2.4 mol/L的氯化锰溶液，混合均匀，放置10 min，加入3～4滴淀粉指示剂，混匀。此时，若溶液呈现淡蓝色，继续用硫代硫酸钠溶液滴定，如果硫代硫酸钠溶液用量超过0.1 mL，则应该检查氯化锰和碱性碘化钾溶液的可靠性，并重新配制。如果硫代硫酸钠溶液用量小于或等于0.1 mL，或加入淀粉指示剂后溶液不呈现淡蓝色，且加入1滴0.01 mol/L碘酸钾后，溶液立即呈现蓝色，则试剂空白可以忽略不计。

每批新配制试剂应进行一次空白实验。

（4）注意事项

1）滴定临近终点，速度不宜太慢，否则终点变色不敏锐。如终点前溶液呈紫红色，表示淀粉溶液变质，应重新配制。

2）水样中若含有氧化物质可以析出碘产生正干扰，若含有还原性物质则消耗碘产生负干扰。

碘量法适用于含少量还原性物质及硝酸氮含量小于0.1 mg/L、铁含量小于等于1 mg/L的较为清洁的水样。测定范围为（1.0～5.3）×10^3 μmol/dm^3。水样中亚硝酸盐氮含量高于0.05 mg/L，二价铁低于1 mg/L时，可采用叠氮化钠修正法。水样中二价铁高于1 mg/L时，可采用高锰酸钾修正法。水样有色或者有悬浮物时，采用明矾絮凝修正法。水样含有活性污泥悬浮物时，采用硫酸铜-氨基磺酸絮凝修正法。碘量滴定法测定溶解氧为仲裁方法。

3.2.1.2 分光光度法

（1）样品采集及贮存

水样瓶为容积为60 cm^{3}的棕色磨口玻璃瓶。水样采集方法见3.2.1.1，水样采集后立即用自动加液器（注入口埋入液面下）依次注入0.50 mL硫酸锰溶液和0.5 mL甲醛肟溶液，并加入氢氧化钠，调pH为10.0～11.0，塞紧瓶塞，将瓶子缓慢上下颠倒20次，将水样瓶浸泡于水中，有效保存时间为24 h。

（2）方法原理

水样中加入适量氯化锰、碘化钾、叠氮化钠溶液后，生成的氢氧化锰被水中的溶解氧氧化为高价氢氧化锰沉淀；叠氮化钠使水中亚硝酸盐分解而消除干扰。加酸酸化后，沉淀溶解，同时释出与溶解氧等当量的游离碘。在456 nm波长下测定吸光度。

（3）测定步骤

1）水样测定。水样固定［见3.2.1.2（1）］后，待沉淀降至瓶的下部便可进行测定。小心打开水样瓶塞，投入一颗搅拌子，加入0.5 mL 29%（体积分数）的硫酸溶液，将水样瓶置于电磁搅拌器上，缓缓搅拌使沉淀完全溶解。在波长456 nm下测定吸光度。待20~30 s吸光度值稳定时，记录水样吸光度。

2）浊度矫正。测定水样吸光度后，清洗比色池，并继续搅拌水样，加入0.5 mL 0.2 mol/L的硫代硫酸钠溶液，使碘分子颜色消失后，在波长456 nm下测定吸光度，稳定后记录水样吸光度。

3）试剂空白测定。由试剂反加法的分光测定求得试剂空白值：水样瓶注满水，依次加入0.5 mL 29%（体积分数）的硫酸溶液，加入0.5 mL碱性碘化钾/叠氮化钠溶液［参考《海洋调查规范　第4部分　海水化学要素调查》（GB/T 12763.4—2007）］，混匀后，加入一颗搅拌子，置于电磁搅拌器上，加入0.5 mL 3.0 mol/L的氯化锰溶液，搅拌均匀后，测定吸光度，吸光度值稳定时，记录试剂空白吸光度。

3.2.1.3　Clark电极法（膜电极法）

Clark氧电极是为测定水中溶解氧而设计的一种极谱电极，早在20世纪30年代就有人用裸露的银–铂电极研究藻类的光合作用。自从20世纪50年代薄膜氧电极问世以来，又大大扩展了它的应用范围。由于它具有灵敏度高、反应快，可以连续测量、记录，能够追踪反应的动态变化过程等优点，因而在叶绿体及线粒体悬浮液的光合放氧和呼吸耗氧的研究上，在对某些耗氧或放氧的酶促反应的研究上，都得到了广泛的应用。人们利用这种技术测定溶液中叶绿体或游离叶细胞的光合放氧和呼吸速率，进一步改进反应室，方便测定气体中氧气的变化动态。这种技术现已发展成为一种简便快速地测定氧气变化的常规技术。氧敏感薄膜由两个与支持电解质相接触的金属电极及选择性薄膜组成。氧气和其他气体能透过薄膜，水和可溶解物质不能透过。透过膜的氧气在电极上被还原，产生微弱的扩散电流，在一定温度下电流大小与水样溶解氧成正比。此方法一般适用于溶解氧大于0.1 mg/L的天然水、污水和盐水，大多数仪器能测定含氧量高于100%的过饱和值。如果用此方法测定海水或港湾水这类盐水，需对含盐量进行校正，因为水样中含有氯、二氧化硫、碘、溴的气体或蒸气，可能干扰测定，需要经常更换薄膜或校准电极。膜电极法测定地面水的溶解氧，不受色度、浊度等的干扰。该方法简便、快速、准确性强，且样品无须处理，可在现场进行连续测定，避免碘量法需处理水样、固定溶解氧、带回实验室分析的繁杂手续，减少测定误差。同时，降低检测成本，提高经济效益，缩短检测周期。

（1）样品采集及贮存

取水样，充满500 mL的溶解氧瓶，并使水样从管口溢流10 s，迅速按照测定方法对水样中的溶解氧进行测定。

（2）测定步骤

用虹吸管将溶解氧瓶中的水样引入小烧杯中，将带有聚四氟乙烯膜和内填充少量氯化银固体结晶及0.5 mol/L氯化钾溶液的JYD-1型极谱式氧传感器和温度传感器插入待测水样中，连接MIA-3型微机化多功能离子分析仪，边搅拌边测定水样中的溶解氧（仪器有自动采集功能，自动给出回归处理结果）。

3.2.1.4 荧光淬灭法

（1）样品采集及贮存

现场测定即可，不需要采样。

（2）方法原理

荧光淬灭法测定溶解氧是基于荧光淬灭原理，常用仪器是光学溶解氧检测仪。光学溶解氧检测仪的核心部件是溶解氧传感器。在传感器的探头涂覆荧光物质，荧光物质被激发光照射后会发射荧光，在有氧分子存在的情况下会产生荧光淬灭效应。可以根据其经溶解氧荧光淬灭后剩余的荧光强度或荧光寿命来测定溶液中溶解氧，荧光强度越弱，荧光寿命越短，淬灭程度就越大，溶解氧越高，相反，溶解氧也就越低。

基于荧光淬灭原理测定溶解氧是一种早已开发应用的技术，鉴于前期取得的良好结果，海洋学家投入了大量的时间和精力来研究光学溶解氧检测仪器在海洋环境监测中应用的特性。光学溶解氧检测仪的主要性能指标是响应时间、稳定性、精确度等。

与Clark电极法相比，荧光淬灭法测定溶解氧时，光学溶解氧检测仪的传感器探头在与水接触的同时即可响应，其优点：测定时间短，无需标定，仪器使用中的维护工作量少，测定结果稳定，测定过程中不会消耗任何物质，也不会消耗水中的溶解氧；无干扰（pH和污水中含有的化学物质、重金属等不会对测量造成干扰）。

（3）测定步骤

在每次测定前按照仪器使用要求对溶解氧传感器进行校准，根据测定要求设置测量参数。可实现短期同步实时测定采样点的溶解氧。

3.2.1.5　小结

碘量法是最为常用且最为经济的方法，但是相比其他几种方法而言，传统的碘量法测定海水中的溶解氧，容易受到水样中其他因素的干扰，只有海水较清洁时才能满足测定要求。而修正后的碘量法准确度高，可以满足溶解氧不同的水体，被确定为仲裁方法。但是这种纯化学检测方法，耗时长，程序烦琐，无法满足在线测量的要求。荧光法则是使用一种现代光学仪器设备进行测量，它无需校准，抗干扰能力强，且不需要使用任何试剂，通常30 s就能读取一个水样的具体数据，十分方便，缺点是仪器设备昂贵，维修成本高。Clark电极法需要经常更换电解液和透气薄膜，而且普遍存在准确度低、稳定性差、易受干扰等问题，尤其测定海水中的溶解氧时容易受其他因素的影响。在实际使用过程中发现，溶解氧测量仪有电极易老化、抗干扰能力差、受电磁干扰大和消耗氧气的缺点，因此，在长期在线监测海水溶解氧的应用上受到了很大的限制。目前发展了光纤氧传感器，该传感器将可被氧淬灭的荧光试剂制成氧传感膜耦合于光纤端部，采用高亮度发光二极管为光源和微型光电二极管为检测系统，得到低成本、高性能、便携式的光纤氧传感器，具有不耗氧，无需参比电极，抗电磁干扰、操作方便、使用寿命长等特点，克服了碘量法、膜电极法及传统溶解氧传感器的不足，可用在各种复杂的环境中，已成为在线监测水中溶解氧分析仪器的研究与开发热点。

3.2.2　pH的测定

pH是溶液中氢离子活度的负对数，即$pH = -\lg \alpha_{H^+}$，是常用的水质指标之一。海水是多组分电解质溶液体系，由阳离子（碱性金属）、阴离子（强酸型、弱酸型）组成，由于阳离子的水解作用，海水呈弱碱性，pH变化幅度不大。大洋海水pH为 $8.0 \sim 8.5$，表层水pH为 8.1 ± 0.2，深层水pH为 $7.5 \sim 7.8$，近岸海区和河口pH为 $7.0 \sim 8.0$。pH和酸度、碱度既有联系又有区别，水的pH表示酸碱性强弱，而酸度（或碱度）则反映水的酸性（或碱性）大小。

pH的作用：① pH是研究CO_2体系最重要的物理量，用于计算CO_2分量。② 根据pH认识各种海洋动植物的生活环境，掌握海洋动植物的生长繁殖规律。③ pH直接影响海洋中各种元素的存在形态及反应过程，是海洋化学研究的重要参数之一。pH的测定方法主要有pH计法、pH指示剂法、pH试纸法。

3.2.2.1 pH计法（酸度计法或玻璃电极法）

目前通用的是玻璃-甘汞电极，由电极和水样组成电池，水样的pH与该电池的电动势呈线性关系。

（1）样品采集及贮存

水样瓶为容积为50 cm³的具有双层盖的广口聚乙烯瓶，用水样清洗水样瓶2次，慢慢地将水样装满瓶子，立刻旋紧瓶盖，存于阴暗处，放置时间一般不超过2 h。如不能在2 h内测定的水样，应加入1滴氯化汞溶液固定，旋紧瓶盖，混合均匀。可保存24 h。

（2）测定步骤

用去离子水冲洗玻璃-甘汞电极，用滤纸吸干电极上的水，将电极插入pH标准缓冲溶液，校正pH计的读数，校正完毕，冲洗干净，吸干，插入待测水样中，读取pH。

此方法适用于大洋和近岸海水pH的测定。大洋和近岸海水pH一般为7.0～8.5，因此水的色度、混浊度、胶体微粒、游离氯、氧化剂、还原剂以及较高的含盐量等对pH测定干扰都较少，但当pH大于9.5时，大量的钠离子会引起很大误差，使读数偏低。

3.2.2.2 pH指示剂法

在待测溶液中加入pH指示剂，不同的指示剂根据不同的pH会变化颜色。① 将酸性溶液滴入石蕊试液，则石蕊试液变红；将碱性溶液滴入石蕊试液，则石蕊试液变蓝（石蕊试液遇中性液体不变色）。根据指示剂的颜色变化就可以确定pH的范围。② 将无色酚酞溶液滴入酸性或中性溶液，颜色不会变化；将无色酚酞溶液滴入碱性溶液，溶液变红。注：在有色待测溶液中加入pH指示剂时，应选择能产生明显色差的pH指示剂。此方法一般用在分析滴定中。

3.2.2.3 pH试纸法

pH试纸有广泛试纸和精密试纸，用玻棒蘸一点待测溶液到试纸上，然后根据试纸的颜色变化并对照比色卡也可以得到溶液的pH。此法精度低，误差大，一般只用于定性测定。

3.2.2.4 小结

pH指示剂法一般用在分析滴定中，pH试纸法精度低，误差大，一般只用于定性测定。目前海水pH的测定应用最广泛的是pH计法。此法测定快速、简单、精度高，只是不适合pH大于9的干扰多的混浊水样。

3.2.3　海水中悬浮物的测定

海水的成分复杂，它不仅溶解了大量的物质，还存在着许多未溶解的悬浮颗粒，悬浮颗粒物中的有机物能为细菌等生物提供营养，悬浮物的表面能选择性地吸收一些离子，海水中的悬浮物在沉降到海床的过程中时刻都在与海水发生反应，因此悬浮物是研究海水水质要素的一个重要部分。目前，海水中悬浮物的测定方法主要有重量法、分光光度法、数学建模分析法、遥感观测法等。

1939年，K.卡勒第一次根据丁铎尔效应直接测量了海水中悬浮物的含量；1953年，N.G.杰尔洛夫应用光学方法测定了太平洋、大西洋、印度洋、红海和地中海的悬浮物的时空分布。

3.2.3.1　重量法

我国早在1989年12月25日就颁布了《水质　悬浮物的测定　重量法》（GB 11901—89），并于1990年7月1日开始实施。该方法能快速、有效地测定水中悬浮固体。悬浮物是指不能通过孔径为0.45 μm滤膜的固体物。浮在水面或沉在水底的不均匀固体块状物质不属于悬浮固体。用孔径为0.45 μm的滤膜过滤水样，经103～105 ℃烘干后得到悬浮物的含量。

（1）样品采集及贮存

将1 000 mL聚乙烯瓶或硬质玻璃瓶用洗涤剂洗净，再依次用自来水和蒸馏水冲洗干净。采样前，再用即将采集的水样清洗3次。然后，采集具有代表性的水样500～1 000 mL，盖严瓶塞。采集的水样应尽快分析测定，如需放置，应放在冰箱中4 ℃保存，但最长不得超过7 d。

（2）测定步骤

用扁嘴无齿镊子夹取孔径为0.45 μm的滤膜（微孔滤膜）放入事先恒重的称量瓶里，移入烘箱中，于103～105 ℃条件下烘干，取出置于干燥器内，冷却至室温，称重。反复烘干、冷却、称量，直至2次称量的质量差小于等于0.2 mg。将恒重的微孔滤膜放在滤膜过滤器的滤膜托盘上，加盖配套的漏斗，并用夹子固定好。用蒸馏水润湿滤膜，并不断吸滤。

量取充分混合均匀的试样100 mL抽吸过滤，使试样全部通过滤膜。再用蒸馏水连续洗涤滤膜3次，每次用10 mL蒸馏水。继续利用过滤器抽吸过滤以除去痕量水分，停止抽吸过滤后，仔细取出载有悬浮物的滤膜放在原恒重的称量瓶里，移入烘箱中于103～105 ℃条件下烘干1 h后移入干燥器中，冷却到室温，称其质量。反复烘干、冷却、称量，直至两次称量的质量差小于等于0.4 mg为止。

（3）优点和缺点

重量法的优点是原理简单，适于测定悬浮物浓度范围广的水样，测定结果直观准确，不受颗粒物形状、大小、颜色等的影响。适用于测定海水、地表水、地下水、生活废水以及各类总排水。缺点是在测定过程中，操作烦琐、费时，采样仪器笨重、噪声大，而且不能立即给出测试结果。

（4）注意事项

①漂浮或浸没的不均匀固体物质不属于悬浮物质，应从水样中除去。②贮存水样时不能加入任何保护剂，以防破坏物质在固相、液相间的分配平衡。③滤膜上截留过多的悬浮物可能夹带过多的水分，除延长干燥时间外，还可能造成过滤困难，遇此情况，可酌情少取试样。滤膜上悬浮物过少，则会增大称量误差，影响测定精度，必要时可增大试样体积。一般以5～100 mg悬浮物量作为量取试样体积的实用测定范围。

3.2.3.2　分光光度法

分光光度法测定的原理是通过被测物在一定波长范围内对光的吸收强度来测定水中悬浮物的浓度。适用测定范围为0～750 mg/L，超出测定范围可以稀释水样。

（1）样品采集及贮存

样品采集及贮存方法同3.2.3.1（1）。采样结束，在采样瓶上贴好标签，标明监测项目、采样点位、采样时间、样品编号等有关事项，带回实验室待测。

（2）测定步骤

不同型号的分光光度计操作规程不同。以下为DR-2500或DR-2800型分光光度计的操作步骤。

1）打开分光光度计，预热20 min，仪器显示主菜单界面，选择标码630悬浮固体。

2）取2支清洗干净的20 mL比色瓶，用蒸馏水冲洗2次，然后加入约15 mL蒸馏水做空白对照。用镜头纸擦净瓶子外壁，底部和壁上若有气泡要去掉，将其放入比色槽中（注意将比色瓶上的刻度置于比色槽前面），关上盖板。按"开始"按键，仪器进入测量模式，进行测定，显示测量值，再按"零"按键，进行调零，屏幕显示0 mg/L TSS，将瓶取出。

3）量取100 mL充分混合均匀的水样倒入具塞三角瓶中，把盖旋紧，放在调速振荡器上振荡2 min，将振荡好的水样立即倒入另一个20 mL比色瓶中，擦净外壁，放入比色槽中，关上盖板。点击"读数"按键，所得数值即为样品中悬浮物的浓度。将样品重复测定两次，最后取其均值作为样品悬浮物含量。

4）测量结束，将仪器返回主菜单，按住"打开/关闭"按键3～5 s关闭仪器。

（3）优点和缺点

分光光度法的优点是方便快捷，仪器设备简单，灵敏度高，应用广泛。其缺点是准确度相对不够高，有的检验项目无法使用，具有一定的局限性。

3.2.3.3　数学建模分析法

随着计算机技术的发展，悬浮物的数学建模分析方法越来越受关注，特别是在悬浮物分布和输运规律研究方面。

（1）样品采集和贮存

数学建模分析法可以采用野外同步监测，考虑对流、扩散、沉降3个动力过程，关注悬浮物的沉积和再悬浮。借助海流三维数值模拟，可以省时省力地对样品进行测定。所以一般不需要将样品采集回实验室再进行测定，也不用考虑样品的保存问题。

（2）测定方法

这种测定方法需要采用切应力概念确定悬浮物的起悬量和沉淀量。研究人员首先根据以往的浓度资料建立三维悬浮物浓度模型，再结合海洋水动力资料对海洋悬浮物的时空分布进行三维模拟。海洋水动力资料数据观测可以分为水位观测、流速流向监测以及悬浮物浓度监测3个部分。其中需要在各垂线处进行定点流速流向测量。

（3）优点和缺点

数学建模分析法的优点是可以不用将样品采集回实验室进行测定，省时、省力，操作速度快；缺点是海流三维数值模拟的应用不够完善，模拟得到的结果不具有说服力。

3.2.3.4　遥感观测法

悬浮物遥感观测的基础是先建立典型悬浮物特性参数的波谱响应特征数据库，然后选择适当的光谱波段，进而进行表面悬浮物浓度的恢复反演。

（1）样品采集和贮存

遥感观测可以借助传感器实时获得相应的水体光谱数据。由于需要选择合适的高光谱遥感敏感波段，需要采集样品，测定相关水质参数，采集方法参考各水质参数测定时的样品采集与贮存方法，悬浮物测定中，样品的采集与贮存见3.2.3.1（1）。

（2）测定方法

利用现场采集的表层沉积质，在实验室配制不同浓度的悬浮物水样，进行悬浮物光谱反射率的测量。同时，采集表层水样，在实验室进行浓度测量，以寻找实验控制条件下悬浮物的高光谱遥感敏感波段并建立其定量估算模型，并采用美国国家航空航天局制定的水体光谱测量规范，分别测出水体、天空散射光及标准反射板的辐亮度值，计算遥感反射率。进而可以得到悬浮物的相关数据。

（3）优点和缺点

利用遥感观测海洋悬浮物浓度的方法具有监测海域广、效率高、连续性好等优点，可以大大提高海洋预报和资源探测的能力；缺点是通过卫星传回的遥感数据仅能反映海洋表层的悬浮物。

3.2.3.5 其他方法

（1）光学测量法

光学测量法的原理是通过光学传感器测量悬浮物受到可见光或近红外光源照射后的散射或透射的光线信号强弱，以确定水中悬浮物的浓度。许多学者使用后向散射（OBS）光学传感器测量水中的悬浮物浓度，并由此计算水土流失总量。OBS光学传感器的光信号测量元件在与光源成45°的位置上测量被水中悬浮物颗粒后向散射的光线，能够在很大范围内对水中悬浮物的浓度产生线性响应。尽管此类传感器在测量高浓度的悬浮物时，测量电路往往达到饱和，但可以通过仔细调整其增益大小来克服。测量透射光的传感器在悬浮物浓度较小时应用广泛，但是极端的信号衰减不适用于较高浓度的悬浮物的测量。Buttmann（2001）在研究中发现，90°的散射光是测量水中悬浮物浓度最合适的参数，这是因为利用90°位置处测量的散射信号与45°位置处测量的反向散射信号和180°位置处测量的透射信号相比最稳定，不受悬浮物颗粒尺寸的影响。美国堪萨斯州立大学实验室研制的光学悬浮物浓度传感器集成使用了后向散射、散射和透射3种测量方法，并通过试验确定了利用可见光和红外线波段的不同波长检测水中悬浮物含量的可靠性。试验证明：利用可见光和红外线波段的不同波长光源，可以帮助减少水的颜色对水中悬浮物测量的影响；同时该悬浮物传感器对水中悬浮的藻类等杂质不敏感，从而使测量值反映水中悬浮物浓度。光学测量法在记录水中悬浮物浓度的快速波动方面展现出可靠的能力，操作相对简单且成本较低。

（2）声学测量方法

声学测量方法测定水中悬浮物的原理是利用声学技术，将传感器产生的高频声音信号（1～5 MHz）导入测量水体中，反射回来的部分声音信号传回该传感器，其信号强度可用来确定水中悬浮物浓度。

此外，还有利用密度传感器、介电常数传感器间接监测悬浮颗粒物的方法。

3.2.3.6 小结

海水中悬浮物的测定方法有多种，有传统的直接测量法，即重量法，还有现代技术方法，如分光光度法、数学建模分析法、遥感观测法、光学测量法、声学测量法等，这些都属于间接测量海水中悬浮颗粒物的方法。重量法操作复杂，对操作环境要求较高，但是测量精度高，是普遍使用的方法。现代技术方法操作简单，效率高，可以连续采集，且耗费的人力、物力比较少，对实验人员的安全也有一定的保障，但是测量精度低。这些间接观测悬浮物浓度的方法，需要对所用设备进行定期校准，并且受到适用测量范围的限制。

3.2.4 海水中总碱度的测定

《海洋调查规范 第4部分：海水化学要素调查》（GB/T 12763.4—2007）中总碱度的定义：中和单位体积海水中弱酸阴离子所需氢离子的量。海水中总碱度的测定方法主要是pH计法。

3.2.4.1 pH法

（1）样品采集及贮存

水样瓶为容积250 mL具塞、平底硬质的玻璃瓶，或200 mL具螺旋盖的广口聚乙烯瓶。使用前应用体积分数为1%的盐酸浸泡7 d，用蒸馏水洗净，晾干。装样前，用水样洗涤水样瓶2次，装取100 mL水样，立即盖紧瓶塞，有效保存时间为3 d。

（2）测定步骤

用移液管移取25 mL水样于测定瓶（经洗净晾干）中，每一水样取2份；用移液管移取10 mL盐酸标准溶液加入水样中，加盖旋紧，充分混匀；测定混合溶液pH，读数准确到0.01pH单位。由测得值计算混合溶液中剩余的酸度，再从加入的酸总量中减去剩余的酸量，即得到水样中碱的量。

3.2.5 海水中氮含量的测定

海水中无机氮主要为铵盐、硝酸盐、亚硝酸盐等。海水中有机氮主要为蛋白质、氨基酸、脲和甲胺等一系列含氮有机化合物。有机氮和其他含氮化合物是浮游生物的主要营养要素，在生物活动中起重要作用，是浮游植物生长的三大要素之一，与海洋初级生产力有着密切的关系。海水中的氮处于不断转化和循环的过程。氮在海洋圈、大陆岩石圈、海底沉积质圈、生物圈和大气圈的循环，是物质地球循环的重要组成部分。水体中氨氮、硝酸盐氮、亚硝酸盐氮等无机氮和有机氮含量的总和为总氮。总氮是反映水体所受污染程度和水体富营养化程度的重要指标之一。因此，准确测定海水中总氮含量，对海洋环境监测及海水富营养化预警具有重要意义。

3.2.5.1 样品的采集与贮存

实际操作中如何快速准确地检测水体中的氮营养盐含量是一个难题。一方面，由于野外实验条件限制，既无法采用国标法测定，也不能携带高精密仪器进行现场检测。而便携式检测仪虽操作简单，但其工作稳定性与准确度远远无法满足检测要求，需要将水样现场密封处理后带回实验室；另一方面，处理大批量水样时对无法准确测定的部分样本也必须加以科学合理的保管。

在考虑测定数据的有效性及方法的可操作性后提出了5 d内的短期保存技术：海水水样用50%（体积分数）氯仿在4 ℃条件下保存，供氨氮、亚硝酸盐氮、硝酸盐氮3种营养盐的测定。有研究表明，海淡水中的氮磷营养盐含量在常温下会随时间的推移发生较大的波动，而在低温、冷冻、加入氯仿或甲醛条件下保存相对稳定。

3.2.5.2 氨氮测定方法

水中的氨氮是指以游离氨和铵盐的形式存在的氮，两者的比例取决于水的pH。氨氮的测定方法主要有以下5种。

（1）次溴酸盐氧化法

用次溴酸盐将海水中的氨氮转化为亚硝酸盐，用重氮偶合分光光度法测定生成的亚硝酸盐和原有的亚硝酸盐，然后校正样品中的原有的亚硝酸盐来计算氨氮浓度。本法适用于海洋及沿岸水域铵盐的测量，其测量范围为0.03～8.00 μmol/L。此方法为仲裁方法。

（2）靛酚蓝法

氨在弱碱性环境中与次氯酸钠反应生成氯胺。氯胺和苯酚在适量的亚硝基氰化物（硝普钠）和过量次氯酸钠存在下反应生成靛酚蓝。在波长为630 nm处测定吸光度，测量范围为0.05～8.00 μmol/L。海水中的碱土金属离子在弱碱性溶液中形成氢氧化物，氢氧化物与溶液中的颗粒物和腐殖质一起沉淀在反应瓶底部，测定上层显色溶液，可消除浊度的干扰。

（3）纳氏试剂分光光度法

水样中加入纳氏试剂（碘化汞和碘化钾的强碱性溶液）。纳氏试剂与氨反应生成黄色和棕色胶体。再在410～425 nm波长处测定吸光度。该方法适用于地表水、地下水、工业废水和生活污水。最小检测浓度为0.025 mg/L，测定上限为2 mg/L。当水样被严重污染时，需要进行预蒸馏。在已调至中性的水样中加入磷酸盐缓冲液（pH为7.4）。氨以气体的形式蒸发，馏出液用稀硫酸或硼酸吸收。水中钙、镁、铁等金属离子、硫化物、醛和酮类、颜色以及混浊度等会干扰测定结果，需做相应的预处理。

（4）水杨酸–次氯酸盐分光光度法

在碱性和亚硝基氰化物作催化剂条件下，样品中铵盐与水杨酸钠和次氯酸钠反应生成蓝绿色化合物，在697 nm波长处测定吸光度。此法最低检出浓度为0.01 mg/L，测定上限为1 mg/L。该显色反应适宜pH在13.0左右，为确保此pH，需根据待测液酸度预先确定缓冲溶液中氢氧化钠的用量。

（5）电极法

氨气敏电极是一个复合电极，以pH玻璃电极为指示电极，银–氯化银为参比电极。在恒定的离子强度下，测得的电动势与水样中氨氮浓度的对数呈一定的线性关系。由此可以通过测得电位值确定样品中氨氮的含量。此法可用于测定饮用水、地面水、生活污水及工业废水中氨氮的含量。色度和浊度对测定结果没有影响，水样不必进行预蒸馏，但标准溶液和水样的温度应相同，含有溶解物质的总浓度也要大致相同。最低检出浓度为0.03 mg/L，测定上限可达1 400 mg/L。

3.2.5.3 亚硝酸盐氮测定方法

（1）离子色谱法

采用该方法测定亚硝酸盐氮时，先将水样经阴离子色谱柱交换分离，然后采用电导检测器进行检测，最后根据保留时间定性，根据峰高或峰面积定量。但海水中大量存在的氯离子、硫酸根离子对海水中微量亚硝酸盐氮的测定结果产生干扰。用固体氧化银和氢氧化钡作为沉淀剂，通过氧化银沉淀法对海水样品进行预处理，可先排除氯离子和硫酸根离子的干扰，再利用离子色谱法测定亚硝酸盐氮。

（2）重氮–偶合分光光度法

可见分光光度法被广泛应用于亚硝酸盐氮、硝酸盐氮和氨氮的测定，如亚硝酸盐的重氮–偶合分光光度法、氨氮的纳氏试剂比色法等。传统重氮–偶合分光光度法是测定亚硝酸盐氮的经典方法，具有灵敏度高、所用仪器普遍易得、测定结果不受盐度干扰等优点。通过氧化还原反应将氨氮氧化为亚硝酸盐氮，硝酸盐还原为亚硝酸盐，再利用重氮–偶合分光光度法，可实现对氨氮和硝酸盐氮的测定，因此重氮–偶合分光光度法可实现海水中三种氮营养盐的测定。

3.2.5.4 硝酸盐氮测定方法

（1）气相分子吸收光谱法

启动气相分子吸收光谱仪，进入自检，自检完毕后，预热40～60 min。将配制好的硝酸盐氮标准系列溶液依次放在自动进样装置上，仪器自动进样，依次进行测定，自动绘制标准曲线。在空白和样品（先行调节至中性或弱酸性）中加入1～2滴氨基磺酸溶液去除亚硝酸盐干扰，操作步骤与标准曲线的绘制相同，仪器根据标准曲线自动计算出样品的浓度。测试完毕后，先关闭加热，再将试剂管放入去离子水中，清洗系统5 min后关闭。

（2）锌镉还原比色法

通过电镀镀锌，将水样中的硝酸盐还原为亚硝酸盐，之后，使用重氮–偶合分光光度法测定样品中的总亚硝酸盐氮，扣除水样中原有的亚硝酸盐氮，即得到硝酸盐氮的含量。此方法是仲裁方法，适合大洋水和近岸海水，测定范围为0.05 ~ 16.0 μmol/L。

（3）镉铜柱还原法

在一定条件下，可以通过镀铜镉片或镉粒还原柱将水中的硝酸盐氮定量地还原为亚硝酸盐。用重氮–偶合分光光度法测定亚硝酸盐的总吸光度，扣除水样中亚硝酸盐氮的原始吸光度后计算硝酸盐含量。该方法适用于饮用水、清洁地表水和低硝酸盐氮地下水。测定范围为0.04 ~ 14.0 μmol/dm³。水中悬浮液可堵塞柱子，当铜、铁等金属离子含量高时，还原效率降低。前者可以过滤，后者可以通过加入乙二胺四乙酸二钠去除。

（4）紫外分光光度法

该方法是利用硝酸根离子在波长为220 nm处的吸光度来定量测定硝酸盐氮。溶解的有机物在220 nm波长处也有吸收，而硝酸盐离子在275 nm波长处没有吸收。因此，在275 nm波长处进行了进一步的测量，以校正氮的值。该方法适用于清洁地表水和未受明显污染的地下水中硝酸盐氮的测定。测定范围为0.08 ~ 4.00 mg/L。对溶解的有机物、表面活性剂、亚硝酸盐、六价铬、溴化物、碳酸氢盐和碳酸盐的干扰应进行适当的预处理。该方法采用絮凝共沉淀法和大孔中性吸附剂树脂去除大部分常见的有机物、浊度、三价铁和六价铬干扰。

（5）离子色谱法

采用离子色谱方法进行硝酸盐氮的测定时，先将水样经阴离子色谱柱交换分离，然后采用电导检测器进行检测，最后根据保留时间定性，根据峰高或峰面积定量。但海水中大量存在的氯离子、硫酸根离子对海水中微量硝酸盐氮的测定会产生干扰。采用固体氧化银和氢氧化钡作为沉淀剂，通过氧化银沉淀法对海水样品进行预处理，从而排除氯离子和硫酸根离子的干扰，再利用离子色谱法检测硝酸盐氮。

3.2.5.5 总氮测定方法

水中总氮量也是测定水质的重要指标，通常通过测定有机氮和无机氮化合物（氨氮、亚硝酸盐、硝酸盐）后用加和的方法。也可以用过硫酸钾氧化法来测定。

（1）过硫酸钾氧化法

在碱性和110~120 ℃条件下，用过硫酸钾氧化海水样品，样品中有机氮化合物被转化为硝酸氮。同时，水中的亚硝酸氮、铵态氮也定量地被氧化为硝酸盐氮。硝酸盐氮经还原为亚硝酸盐氮后与对氨基苯磺酰胺发生重氮化反应，反应产物再与1-萘替乙二胺二盐酸盐作用，生成深红色偶氮染料，于543 nm波长处进行分光光度测定，测定范围为3.78~32.00 μmol/L。

（2）高温燃烧法

将样品中的各形态的氮高温燃烧氧化成氮气，用微量氮分析仪测定。

（3）高温氧化-化学发光检测法

样品通过自动进样器注入总氮测定仪中，由载气带入高温炉氧化，在超过950 ℃的高温下，样品被完全汽化并发生氧化裂解反应，反应产物包括二氧化碳、水、一氧化氮及其他氧化物。样品中的含氮化合物定量地转化为一氧化氮，反应产物由载气携带，经过膜式干燥器脱去水分，进入反应室，在反应室内一氧化氮与臭氧发生器中的臭氧发生反应，转化为激发态的二氧化氮，当激发态的二氧化氮跃迁到基态时发射出光子。所发射的光子强度由光电倍增管按特定波长进行检测，光子强度与样品中的总氮含量成正比，故可以通过测定化学发光的强度来测定样品中的总氮的含量。

高温氧化-化学发光检测法被认为是自动在线监测的首选方法。此法测定水中总氮在很宽的范围内具有良好的重现性和准确性，是一种快速可靠的分析方法，其结果与凯氏氮有良好的相关性。此方法操作简单，不用进行稀释，不用化学试剂，对环境友好，自动化程度高，手工操作少，人为因素影响小。

（4）化学氧化-紫外吸收法

紫外吸收法是将含氮化合物用$K_2S_2O_8$分解并氧化为硝酸盐氮，用紫外法测得总氮。此方法虽然对实验条件要求不高，普通实验室即可进行，适于手工操作，但是如果作为自动检测方法还存在很多问题：化学氧化步骤耗时长；需要加入多种化学试剂；操作过程繁杂，易引入误差；检测结果易受到溴化物的干扰；检测范围窄，对于高浓度样品需要稀释，对于低浓度样品分辨能力差。

3.2.6　氯化物的测定

3.2.6.1　硝酸银滴定法

（1）样品采集及贮存

用采水器采集代表性水样，装在干净且化学性质稳定的玻璃瓶或聚乙烯瓶内。保存时不必加入防腐剂。若所取海水混浊及带有颜色，则取150 mL或取适量水样稀释至150 mL，置于250 mL锥形瓶中，加入2 mL氢氧化铝悬浮液，振荡过滤，弃去最初滤下的滤渣。若水样中含有硫化物、亚硫酸盐或硫代硫酸盐，则加氢氧化钠溶液将水样调至中性或弱碱性，再加入1 mL30%过氧化氢，摇匀，一分钟后加热至70～80 ℃以除去过量的过氧化氢。保存时间不超过3 h。

（2）测定步骤

在中性介质中，硝酸银与氯化物生成白色沉淀，当水样中氯离子全部与硝酸银反应后，过量的硝酸银与铬酸钾指示剂反应生成砖红色铬酸银沉淀。

用吸管吸取50 mL水样或经过预处理的水样，置于锥形瓶中。另取一锥形瓶加入50 mL蒸馏水作空白试验。实验组与空白组都加入1 mL铬酸钾溶液，用硝酸银标准溶液滴定至砖红色沉淀刚刚出现即为滴定终点。

该方法在实际应用中存在许多问题：① 海水中氯离子浓度较高，硝酸银消耗量大，试剂购买困难；② 海水在滴定过程中形成大量氯化银沉淀，终点不易判断，必须加蒸馏水中和，增加测定步骤，显得麻烦；③ 需要配制溶液，操作复杂，分析人员需培训才能操作；④ 测定速度较慢；⑤ 废液中的银和铬对环境产生污染等。

3.2.6.2 硝酸汞滴定法

酸化了的样品（pH=3.0～3.5）用硝酸汞进行滴定时，与氯化物生成难离解的氯化汞。滴定至终点时，过量的汞离子与二苯卡巴腙生成蓝紫色的二苯卡巴腙的汞络合物，指示滴定终点的到达。

（1）样品采集及贮存

用采水器采集代表性海水水样，先进行预处理：硫化物、硫代硫酸盐和亚硫酸盐会干扰测定结果，用过氧化氢进行处理予以消除。高价铁使终点模糊，可用对苯二酚将高价铁还原成亚铁消除干扰；少量有机物的干扰可用高锰酸钾处理消除。将水样放在玻璃瓶或者聚乙烯瓶内，保存时不加入防腐剂。在3 h内进行测定。

（2）测定步骤

取50 mL水样或经过预处理的水样置于锥形瓶中，另取锥形瓶加入50 mL蒸馏水作空白试验。两组同时加5～10滴混合指示液，摇匀。若试样呈蓝色或红色，则滴加3%（体积分数）的硝酸溶液直到溶液转变为黄色后，再多加1 mL。若试样加指示液后立即出现黄色，则滴加1%（质量分数）的氢氧化钠溶液至溶液变为蓝色后，逐滴加入硝酸溶液。用0.025 mol/L的硝酸汞标准溶液滴定至蓝紫色即为终点。若氯化物浓度小于2.5 mg/L，则改用0.014 1 mol/L的硝酸汞标准溶液滴定，并使用容量为1 mL的微量滴定管滴定。若氯化物浓度小于0.1 mg/L，则取适量水样浓缩至大于2.5 mg/L后滴定，同时进行空白滴定。

3.2.6.3 电导法

电导法测氯化物的准确度高、速度快、操作简便，适于海上现场观测。但在实际运用中，仍存在着一些问题。首先，这种方法是建立在海水组成恒定的基础上的，它是近似的。在电导测盐中，校正盐度计使用的标准海水标有的氯度值在标准海水发生某些变化时可能保持不变，但电导值将会发生变化。其次，电导盐度定义中所用的水样均为表层水（深度小于200 m），不能反映大洋深处由于海水成分变化而引起电导值变化的情况。最后，国际海洋用表中的温度范围为10 ~ 31 ℃，而当温度低于10 ℃时，电导值要用其他的方法校正，从而造成了资料的误差和混乱。

（1）样品采集及贮存

水样瓶为容积约250 mL的平底硬质玻璃瓶，或200 mL具有螺旋盖的广口聚乙烯瓶。使用前应用体积分数为1%的盐酸浸泡7 d，然后用蒸馏水彻底洗净，晾干。用少量水样洗涤水样瓶2次，装取水样约100 mL，立即盖紧瓶塞。有效保存时间为3 h。

（2）测定步骤

取一定体积的海水水样，取一部分海水定量后用$AgNO_3$溶液滴定，另一部分测定其电导率和温度。由于海水水样中的氯离子浓度变化很小，电导率基本不变。为了能在较高浓度范围内找出电导率与氯度、盐度之间的关系，将海水用蒸馏水以不同的比例稀释后，再用$AgNO_3$溶液滴定或测量其电导率，然后计算氯离子浓度。

3.2.6.4 分光光度法

在硝酸介质中，氯离子与银离子生成难溶的氯化银，当氯化银含量较低（0.0 ~ 8.0 μg/mL）时，用分光光度计在470 nm波长处测其吸光度，根据其含量与对应的吸光度绘制标准曲线，求得微量的氯离子含量。

（1）样品采集及贮存

用采集器收集代表性的水样，去除杂质使水样无色透明，盛于透明锥形瓶中，常温密封保存，有效保存时间为3 h。

（2）测定步骤

量取适量的水样，移入250 mL容量瓶中稀释至刻度，摇匀。过滤，并吸取上述溶液25 mL于50 mL比色管中，加硝酸溶液2 mL、加乙二醇20 mL，摇匀，再加硝酸银溶液1 mL，稀释至50 mL，摇匀，在暗处放置20 min。用3 cm比色皿，以水为参比，于470 nm波长处测定上述溶液的吸光度。经过计算得到氯化物的浓度。

3.2.6.5　离子选择电极法

氯离子选择性电极属于压片膜电极，其敏感膜由AgCl和Ag_2S粉末的混合物压制而成。用塑料管作为电极管，将氯离子选择性电极浸入含氯离子的溶液中，可产生相应的膜电势。电池电动势与氯离子浓度的负对数呈线性关系，接着利用标准曲线法，在一定条件下，分别测出一系列不同浓度的氯离子标准溶液的电池电动势，以标准溶液浓度的负对数为横坐标，相应的电池电动势为纵坐标，在坐标纸上描点作图，就可制得标准曲线。若在同样条件下测未知溶液的电池电动势，即可由标准曲线得知被测溶液的氯离子浓度的负对数，从而求得被测溶液中氯离子的浓度。

（1）样品采集及贮存

用采水器采集代表性水样，经过滤后，盛在容量瓶或采样瓶中，常温密封可保存3 h。

（2）测定步骤

将氯离子选择性电极和双盐桥甘汞参比电极与酸度计接好，通电预热15 min，使仪器稳定。按模式键至温度挡（温度符号闪烁），再按上下键调节温度至室温（溶液温度），再按确定键将更改值输入。通过试验确定参比溶液、离子强度调节剂的配制，并用添加氯离子氧化剂和离子浓度调节剂的方法排除干扰离子对测定的影响。

3.2.6.6　电位滴定法

电位滴定法测定氯化物，是以氯电极为指示电极，以玻璃电极或双液接参比电极为参比，用硝酸银标准溶液滴定，用伏特计测定两电极之间的电位变化。在恒定地加入少量硝酸银的过程中，电位变化最大时仪器的读数即为滴定终点。电位滴定法测氯离子，通常采用$AgNO_3$作滴定剂，以银离子选择性电极作为指示电极，饱和甘汞电极为参比电极。

（1）样品采集及贮存

污染较小的水样可加硝酸处理。如果水样中含有机物、氰化物、亚硫酸盐或者其他干扰物，可于100 mL水样中加硫酸，使溶液呈酸性，煮沸5 min除去挥发物。必要时，再加入适量硫酸使溶液保持酸性，然后加入3 mL过氧化氢煮沸15 min，并添加蒸馏水保持溶液体积在50 mL以上。加入氢氧化钠溶液使呈碱性，再煮沸5 min，冷却后过滤，用水洗沉淀和滤纸，洗涤液和滤液定容后供测定用。亦可在煮沸冷却后定容，静置，使沉淀。取上清液进行测定，用锥形瓶密封贮存。在水样滴定的同时，用不含氯化物的蒸馏水做空白滴定。

（2）测定步骤

调试仪器，预置滴定终点。调试好仪器后，将终点预置在276 mV。未知试样测定：取10 mL未知试样于100 mL烧杯中，加蒸馏水稀释至50 mL。平行测定3次。自来水样测定：取50 mL自来水于烧杯中，按照上述方法，平行测定3次。实验后用蒸馏水吹洗电极、毛细管。计算氯离子含量。

3.2.6.7 原子吸收分光光度法

通过往样品中加入过量已知量的硝酸银溶液，银离子与氯离子沉淀后，测出剩余银离子的量，可根据差量算出样品中的氯离子的量。优点：检出限低；精密度和准确度高。缺点：使用成本和维护成本较高。

（1）样品采集及贮存

采水器采集标准海水样，取适量水样于200 mL的容量瓶中，加入20 mL硝酸银储备液和1 mL的浓硝酸（优级纯），定容。搅拌后旋转，阴暗处过夜。第二天用离心机离心10 min，弃去上层悬浮层。取10 mL上清液于100 mL容量瓶中，加水至刻度，摇匀贮存。

（2）测定步骤

标准曲线的绘制以硝酸银使用液为母液。配制一系列浓度梯度溶液，用原子吸收分光光度计分析。由曲线查出银离子浓度。

3.2.6.8 DPD比色法

用DPD（N，N-二乙基-1，4-苯二胺）比色法测定电解海水中的有效氯浓度，并将测定结果与碘量法测定有效氯浓度相比较。DPD比色法测定条件：在常温下，波长为550 nm，pH在6.5左右，显色后10 min内测定。在海水中用此方法测定有效氯浓度范围在0～2 mg/L，误差在5%以下。此法所测有效氯浓度范围小，因此在所得海水样品中，要进行高度的稀释，而且也要进行稍微酸化，虽然预处理步骤过多，但是误差小，测量准确。

3.2.6.9 离子色谱法

采用阴离子交换分离柱分离无机阴离子，以Na_2CO_3-$NaHCO_3$溶液为淋洗液，硫酸溶液为再生液，用抑制型电导检测器进行检测。根据混合标准溶液中各阴离子出峰的保留时间可进行定性，根据峰面积进行定量。

将水样用孔径为0.45 μm的滤膜过滤除去混浊物质，将预处理后的水样和不同浓度的标准溶液分别按序号放入自动进样器，在自动进样器编写进样程序并启动走样，最后通过色谱工作站软件直接计算出待测水样中氯化物浓度。

3.2.6.10　小结

硝酸银滴定法和硝酸汞滴定法所需仪器简单，测定小批量水样时成本低、省时。其缺点：需要人工摇动滴定，费时费力，增加检测人员的工作量，效率较低；滴定终点不易掌握，尤其水中氯化物浓度高或水样带颜色时，很难判定终点，还会有人为操作误差。电导法和电位滴定法操作简单，可自动搅拌，终点可控制，可快速准确计算结果，可每日分析大批量的水样，减轻检测人员的工作量，消除手工测试中的偶然误差，提高样品检测的准确度和精密度。分光光度法操作简单、准确度高、但测定高浓度的氯化物时，需要稀释后测定。离子选择电极法测定时间短、结果准确度高。降低了测定成本，且避免了硝酸银滴定法中重金属离子对环境的污染；提高效率，降低了工作强度，在面对多样化的监测对象时多了一种选择。原子吸收分光光度法的优点是检出限低，精密度和准确度高；缺点是使用成本和维护成本较高。DPD比色法所测有效氯浓度范围小，因此在所得海水样品中，要进行高度的稀释，而且也要稍微酸化，虽然预处理步骤过多，但是误差小，测量准确。离子色谱法检出限低；精密度和准确度高；离子色谱仪可以通过自动进样器和软件控制完成自动进样、自动分析，自动化水平高，可大大减少人员工作量。缺点：使用成本和维护成本较高，限制了其推广和应用。

3.2.7　海水中磷的测定

海水中磷的测定方法经历了从"磷钼黄法"到"磷钼蓝法"的过程。磷钼黄法由于灵敏度太低已被淘汰。1961年国家科学技术委员会海洋组编印的《海洋调查暂行规范》中，制定了以$SnCl_2$为还原剂的磷钼蓝目视比色法测定海水中磷的方法。该法有显著的盐效应，这对海水分析来说是致命的弱点。1975年国家海洋局出版了《海洋调查规范》，制定了以维生素C（抗坏血酸）为还原剂的磷钼蓝光电比色法。该法的优点为没有盐效应、显色速度快、稳定时间长，故在我国目前海水分析中广为使用。后来，针对此法又做了一些改进。

3.2.7.1　活性磷酸盐

（1）磷钼蓝法

1）样品采集及贮存。用少量水样润洗样品瓶2~3次，取500 mL的水样立即使用经处理过的滤膜过滤，将过滤后的水样贮存于另一样品瓶中，并标记编号，往盛有过滤后水样的样品瓶中加入微量三氯甲烷，用塞子盖好并摇晃1 min，后置于低温保存，可保存1 d。没有与三氯甲烷混合的水样需在采样后2 h内检测。

2）测定步骤。

方法一：取水样10 mL加钼酸铵4滴、酒石酸锑钾1滴，维生素C少许（约一挖耳勺），摇动至维生素C溶解，10 min后，以蒸馏水为参比，在880 nm波长处测定吸光度，在曲线上查得结果。此改进法中所用试剂配制简单，在室温下可长期存放。原方法所需试剂需保存在冰箱中，并有时间限制，特别是混合试剂需要现用现配，比改进法麻烦。改进法从滴瓶上的滴管直接加药，操作简单。维生素C极易被氧化，所配试剂不稳定。改进法直接使用原固体试剂，不必配制，为操作人员提供了方便。

方法二：取水样10 mL加钼酸铵4滴、酒石酸锑钾1滴、十二烷基磺酸钠1滴、孔雀石绿1滴，混匀。20 min后以蒸馏水为参比，用1 cm色皿，在600 nm波长处测定吸光度。此改进法新增加的两种试剂，其配制都很简单，且可长期存放。

（2）质谱法

1）样品采集及贮存。

样品采集及贮存见3.2.7.1（1）。

2）测定步骤。随着科学技术的发展，从20世纪60年代以来质谱法已实现了与不同分离仪器的联用，不仅用于有机化合物分子结构的测定，而且可以对无机物、生物大分子以及复杂混合物的各组分进行定性和定量分析。离子排阻色谱与电感耦合等离子体质谱法相结合可在线测定海水中的可溶性磷酸盐，6 min内完成整个测量过程，检出限低，为0.06 μmol/L（以磷计），可准确测定的海水中磷酸盐浓度上限为（1.69 ± 0.04）μmol/L，这种方法具有快速、简单、准确、无需样品预处理、样品用量少等特点。但是质谱法在实际应用中的主要缺点是仪器价格昂贵、仪器运转维持费用高。

（3）电化学法

1）样品采集及贮存。

采样的主要方式有3种：采水器采样；用泵抽取水样；利用吸附、离子交换或电沉积等方法，使待测的元素或化合物在现场富集采样。若不能立即测定，应置于冰箱中保存。

2）测定方法。

电化学分析法测定磷酸盐所使用的电极有碳糊电极、钴棒电极、玻碳电极、PVC膜电极、非均相膜电极、铅离子选择性电极以及生物传感器等，其中碳糊电极和化学修饰电极因容易制备、再生，响应信号稳定，欧姆电阻低，在阴离子、阳离子、有机分子和药物分子测定中受到广泛应用。碳糊电极不仅可以用于电位法也可用于安培法测定，主要基于以下原理：① 十二钼磷酸盐还原成磷钼蓝；② 磷钼蓝氧化，即先用电化学的方法将磷钼蓝预还原，然后吸附到电极上进行氧化；③ 磷钼钒在电极上发生还原；④ 磷酸铁发生还原反应。海洋环境研究的发展趋势是现场获取数据，以避免长途运输和长期贮存带来的样品沾污和变质等问题。电化学分析法仪器简单，操作简易快速，便于与自动化技术联用实现在线分析和生产自动控制，易于微型化；具有选择性好、灵敏度高、响应快及测量范围宽等特点；测定结果不受试液颜色、浊度等的影响，而且受硅酸盐、砷酸盐等离子干扰小；在高盐度水体中不受纹影光的干扰，特别适于水质连续自动监测和现场快速分析，因此受到广泛关注。

（4）氢氧化镁共沉淀法

氢氧化镁共沉淀法（MAGIC）是由Karl等人于20世纪90年代提出的。

1）样品采集及贮存。

当海水样品中的颗粒态磷浓度小于或者等于总颗粒态磷的10%时无需过滤，目的是防止海水样品被污染，此时样品中总磷与总溶解态磷浓度相等。样品装入样品瓶后应迅速置于冰箱中−20 ℃保存，或者是加入碱生成共沉淀物低温保存。此方法需将纳摩尔级的磷富集后进行检测，可使用加大样品体积或者是减少盐酸体积从而达到需要的富集倍数，富集后浓度不宜超过28 μmol/L。

2）测定方法。

利用海水中所含有的镁离子与氢氧根结合，生成氢氧化镁沉淀吸附海水中的痕量磷酸盐，从而达到富集海水中磷酸盐的效果。定量富集磷酸盐后经沉淀、离心、溶解，再使用磷钼蓝法或者流动注射法测定磷的含量。氢氧化镁共沉淀法的优点是仪器简单、空白相对较低且测量方法直接，测量结果准确。

（5）极谱法

利用磷的络合物吸附波对海水中不同形态的磷进行较系统地分析。此法具有测定快速、灵敏、选择性高等特点，结合有效的不同状态磷的转化处理步骤，建立了测定溶解态无机磷、聚合磷、总溶解磷和总磷的分析方法。

取经孔径为0.45 μm的微孔滤膜过滤的海水10.00 mL，加入5 mL丙酮、3 mL混合底液，混匀，定容至25 mL，摇匀，全部倾入电解池待测。

3.2.7.2 总磷

（1）过硫酸钾氧化法

1）样品采集及贮存。

取50 mL海水水样于聚乙烯瓶中，加入1.0 mL体积分数为50%的硫酸溶液，混匀，旋紧瓶盖贮存，有效保存时间为一个月。

2）测定方法。

海水样品在酸性和110～120 ℃条件下，用过硫酸钾氧化，有机磷化合物被转化为无机磷酸盐，无机聚合态磷水解为正磷酸盐。消化过程产生的游离氯用维生素C还原。消化后水样中的正磷酸盐与钼酸铵形成磷钼黄。在酒石酸锑钾存在下，磷钼黄被维生素C还原为磷钼蓝，于882 nm波长处进行分光光度测定。

（2）极谱法

取未经过滤的海水试样10.00 mL，加1 mL过硫酸钾氧化液，置于聚四氟乙烯高压消化釜中，旋紧釜盖，置180 ℃烘箱中加热消解1 h后取出，待冷却至室温后，旋开釜盖，用0.5 mol/L的氢氧化钠溶液调pH约为8（用试纸检验），然后将釜内溶液全部转移至25 mL容量瓶中，定容，待测。

3.2.8 海水中硅的测定

3.2.8.1 硅钼蓝法

（1）样品采集及贮存

海水样品用玻璃或金属采样器采集。采集后应立即在现场用孔径为0.45 μm的滤膜过滤，贮存于聚乙烯塑料瓶中，于冰箱中（＜4 ℃）保存，并在24 h内完成测定。滤膜应预先在0.5 mol/L的盐酸溶液中浸泡12 h，用纯水冲洗至中性，密封待用。

（2）测定方法

硅钼蓝法的原理是活性硅酸盐在酸性介质中与钼酸铵反应，生成黄色的硅钼黄，当加入含有草酸（消除磷和砷的干扰）的对甲替氨基苯酚-亚硫酸钠还原剂，硅钼黄被还原为硅钼蓝，于812 nm波长处测定其吸光度。本方法适用于硅酸盐含量较低的海水的测定。

3.2.8.2 硅钼黄法

（1）样品采集及贮存

海水样品用玻璃或金属采样器采集。海水应在现场用孔径为0.45 μm的滤膜过滤，贮存于聚乙烯塑料瓶中于冰箱中4 ℃保存，保存时间为3 d。（注：滤膜应预先在0.5 mol/L的盐酸溶液中浸泡12 h，用纯水冲洗至中性，密封待用。）

（2）测定方法

水样中的活性硅酸盐与钼酸铵-硫酸混合试剂反应，生成黄色化合物（硅钼黄），于380 nm波长处测定吸光度。本方法适用于硅酸盐含量较高的海水的测定。

3.2.9 海水中溶解无机碳的测定

海水中溶解无机碳的测定通常是间接测定，将溶解无机碳转化为二氧化碳进行测定。

测定海水中二氧化碳的方法有许多，例如，重量法、平衡压力法、气相色谱法（GC）、碱度计算法、热导电化学传感器法、库伦滴定法和红外二氧化碳分析法。目前我国采取的多是红外二氧化碳分析法，即红外分光光度法，但此方法不适用于外海大量的检测，且缺点突出，所以国际上比较认可的是库伦滴定法。

3.2.9.1 非色散红外吸收法

（1）样品采集及贮存

直接从采水器中分样，优先采样。采样时将洁净硅胶取样管一端接在采水器出口处，放出少量水样冲洗采样瓶3次（取样管中有气泡存在时，应先排气泡），然后将硅胶取样管插到采样瓶底部，慢慢注入水样，要注意避免产生涡流和气泡，待水样装满并溢出采水瓶体积约1/2时，将硅胶取样管慢慢抽出，关闭采水器。

取得海水样品后加酸释放二氧化碳，然后用吸收液吸收二氧化碳，进行滴定。应选择难挥发性的酸释放海水中的二氧化碳，常用的难挥发性的酸有硫酸和磷酸，将同一个海水样品分成两份，分别用10%的硫酸和10%的磷酸各20 mL提取海水中的二氧化碳，同时对水样加热，用100 mL水和20 mL 0.1 mol/L的氢氧化钠溶液的混合液作为吸收液。

一般清洁水样保存时间不超过72 h，轻度污染水样不超过48 h，严重污染水样不超过12 h为宜。为使水样的溶解无机碳含量保持不变，必须对其进行保存，保存方法有以下几种：① 碳酸盐沉淀法，将溶解无机碳转化为碳酸盐沉淀可以避免微生物作用；② 在采样时可以加入抑制剂，如饱和氧化汞或硫酸铜溶液，防止微生物的生长。

（2）测定方法

如今，溶解无机碳的采集技术科学先进，可操作性强，有多种实验方法，非色散红外吸收法是一种可以现场采集、现场测定的方法。将一定体积的待测样品吸入移液管，注入气体室，同时加入少量酸进行酸化，使海水中的溶解无机碳转化为二氧化碳，用氮气将其吹出并送入具有新型传感器的非色散红外检测器中，该装置采用连续流动分析对做过水蒸气校准的二氧化碳气流进行检测。

3.2.9.2 红外分光光度法

红外分光光度法具有精确度高、稳定性好等特点，但价格昂贵、装置复杂、操作起来不方便，不能实现二氧化碳的现场连续监测，因此使用受到限制，同时由于红外分光光度计对振动产生的干扰灵敏等原因，影响了测量的精确度。近些年来，由于红外测定技术及试样处理技术的一些改进，使早期的海水溶解无机碳的红外测定法又有了新的突破，甚至达到了可以与库伦滴定法相比的结果。

3.2.9.3 库伦滴定法

库伦滴定法又称恒电流库伦滴定法，是建立在控制电流电解过程基础上的库伦分析法。库伦滴定是最准确的常量分析方法，又是高度灵敏的痕量成分测定方法。由于时间和电流都可以用仪器控制得非常准确，库伦滴定法的精密度是很高的，常量成分测定的精密度可望达到二十万分之几。此方法测定海水中溶解无机碳的原理是向海水中加入一定浓度的磷酸溶液，从而将海水中的溶解无机碳酸化以后转化为二氧化碳，通入氮气作为载气，将产生的二氧化碳吹出。然后对混合气体进行冷凝、洗气、干燥，除去其中的水蒸气和干扰气体，净化后的气体通入库伦滴定池，二氧化碳就与电解液中的乙醇胺反应生成酸性物质5-羟基戊酸 $[HO(CH_2)_2COOH]$，此物质在二甲亚砜有机弱碱性溶剂中表现出较强的酸性。气提完全后，开始电解滴定，在电极上发生氧化还原反应。

3.2.9.4 电位滴定法

电位滴定法是在滴定过程中通过测量电位变化以确定滴定终点的方法。和直接电位法相比，电位滴定法不需要准确地测量电极电位值，因此，温度、液体接界电位的影响并不重要，其准确度优于直接电位法。在用标准酸滴定海水过程中，用指示剂确定的终点是不准确的。但若采用电位滴定并用Gran作图法，就可以准确得到到达两个等当点时耗用酸的体积，从而得到比较准确的结果。用该方法得到的数据精确度比较高，但由于在计算中忽略了其他弱酸等因素的影响，加之所采用的热力学数据和所测得的pH也不准确，所以此方法的准确度不如库伦滴定法。

3.3 海洋污染要素调查

3.3.1 化学需氧量（COD）的测定

3.3.1.1 样品的采集与保存

有三种样品采集方法，第一种是采水器取样法，这是最常用的方法，就是把一系列的采水器固定在船上的钢丝绳上，将它们打开口放入不同深度，当海水样品流入后，给予信号使采集器关闭，封存海水，然后提到船上供实验分析用。第二种为水泵采水法，它是把一根塑料管放入所需的取水深度，用水泵直接采取水样。第三种为现场提取采样法，就是将装有吸附剂的采样管，放到海水预定深度，用泵抽入海水并经吸附剂，最后进入采集器。如今，也出现了许多新型的采集水样装置，如果条件允许，应用更好的设备以使所得样品更加准确。采集好的海水，只需选用密封良好和渗透性低的容器，如硬质玻璃或高密度聚乙烯容器，加少量硫酸可以保存4～5 d。

3.3.1.2 测定方法

（1）碱性高锰酸钾指数法

取一定量水样，用硫酸酸化，加入过量高锰酸钾，氧化水样中有机物质，余下的高锰酸钾用草酸钠溶液还原，最后用高锰酸钾溶液回滴剩余的草酸钠溶液，即可计算出需氧量。该法适用于大洋和近岸海水及河口水化学需氧量的测定。

（2）重铬酸钾法

在酸性介质的水样中，加入一定量的重铬酸钾，经加热回流2 h，水样中的还原性物质被氧化。然后用试亚铁灵做指示剂，用硫酸亚铁铵滴定未反应的铬酸根离子；求出与水样中还原性物质发生反应的铬酸根离子的量，根据重铬酸钾的浓度和用量计算水样中的还原物质。为保证水样中直链有机物被氧化，可加入催化剂硫酸银。

（3）其他方法

检测海水中化学需氧量的方法有很多，如分光光度法、气相分析吸收法、光谱法、臭氧法、电极法等。而碱性高锰酸钾指数法为国家仲裁方法。

3.3.2 生化需氧量分析方法

3.3.2.1 5 d培养法（20 ℃）

取两份平行水样，水样应充满并密封于瓶中，于0～4 ℃保存；用碘量法测定培养前和培养后的溶解氧之差，即为生化需氧量，以氧的mg/L计。培养5 d为五日生化需氧量。

要注意，由于多数水样中含有较多的有机物，因此在培养前需对水样进行稀释，以降低其浓度和保证有充足的溶解氧。稀释的程度应使培养中所消耗的溶解氧大于2 mg/L，而剩余的溶解氧在1 mg/L以上。为了保证水样稀释后有足够的溶解氧，稀释水通常要通入空气进行曝气，使稀释水中溶解氧接近饱和。此外，稀释水中还应加入一定量的无机营养盐和缓冲物质（磷酸盐类、钙盐、镁盐和铁盐等），以满足微生物生长的需要。对于不含或含少量微生物的工业废水，如酸性废水、碱性废水、高温废水或经过氯化处理的废水，在测定BOD时应进行接种，以引入能分解废水中有机物的微生物。当废水中存在着难于被一般生活污水中的微生物以正常速度降解的有机物或含有剧毒物质时，应将驯化后的微生物引入水样进行接种。

3.3.2.2 检压库伦式BOD测定仪

装在培养瓶中的水样用电磁搅拌器进行搅拌。水样中的溶解氧因微生物降解有机物被消耗时，用电极式压力计测出培养瓶内的氧分压的下降量，并转换成电信号，电解瓶内自动电解产生氧气供给培养瓶，反复进行，使培养瓶内气压始终保持恒压状态。根据法拉第定律，由恒电流电解所消耗的电量便可计算耗氧量。仪器能自动显示测定结果，记录生化需氧量曲线。

3.3.2.3 微生物传感器快速测定法

测定水中BOD的微生物传感器是由氧电极和微生物菌膜构成的，其原理是当含有饱和溶解氧的样品进入流通池中与微生物传感器接触，样品中溶解性可生化降解的有机物受到微生物菌膜中菌种的作用，而消耗一定量的氧，使扩散到氧电极表面上氧的质量也达到恒定，因此产生一个恒定电流。由于恒定电流的差值与氧的减少量存在定量关系，据此可换算出样品中BOD。测量过程中要求微生物菌膜稳定，平时不检测时需对微生物菌膜进行活化与保养。

3.3.3 总需氧量的测定

总需氧量（TOD）是指水中能被氧化的物质，主要是有机物质在燃烧中变成稳定的氧化物时所需要的氧量，结果以氧气的mg/L表示。TOD能反映几乎全部有机物质经燃烧时所需要的氧量。它比BOD、COD和高锰酸盐指数更接近于理论需氧量值。

用TOD测定仪测定总需氧量，是将一定量水样注入装有铂催化剂的石英燃烧管，通入含已知氧浓度的载气（氮气）作为原料气，则水样中的还原性物质在900 ℃下被瞬间燃烧氧化。测定燃烧前后原料气中氧浓度的减少量，即可求得水样的总需氧量。

3.3.4 总有机碳、溶解有机碳的测定

总有机碳（TOC）是水中有机物所含碳的总量，由于有机物是以碳链为骨架的一类化合物，所以这个指标能完全反映有机物对水体的污染水平。海洋溶解有机碳（DOC）的储量相当之大，仅次于总无机碳库。DOC的垂直输送还是海洋去除大气中CO_2的一个重要机制，此外，DOC也是微生物异养活动的主要食物来源。

传统比较常用的测定有机碳的方法有湿法氧化法、高温燃烧氧化法、紫外光催化化学氧化法。这3种方法虽然成熟，但是缺点也很明显，即分析时间较长、过程较繁杂、耗能高。因此除这3种分析方法外还有比较热门的新兴研究方法：电导法、电阻法、紫外吸收法、臭氧氧化发光法等。超声技术的方便之处在于可实时进行采样分析，避免了中间复杂的采样、运输、贮存过程，可谓省时又省力。而针对有机物的特点，利用臭氧氧化原理其氧化效率更高，造成的误差会更小。但是，无论怎样，测定原理可分为2种：差减法和直接法。差减法的计算公式为TOC=TC-IC，即经过总碳（TC）减去无机碳（IC）的量得到，虽然可以得到完整的数值，但是因为测定的样品较有所增加，造成的误差也会更多，误差的累积也比较多。溶解有机碳等于总有机碳减去颗粒有机碳，因而测定溶解有机碳和总有机碳的方法是一样的。因为溶解有机碳占总有机碳的绝大部分，只需将水样用450 ℃灼烧过的GF/F玻璃纤维滤膜过滤即可。

3.3.4.1 样品的采集与保存

采样、过滤水样的原则是尽量减少样品的污染与损失，所以对水样容器要进行特殊处理，并使用合适的滤膜材质。滤膜材料通常为玻璃纤维，滤膜的预处理为400 ℃下燃烧6 h以上，注意灼烧时可能增大滤膜的孔径。一般一些部分的颗粒有机物也有可能包含在DOC中，不可避免的是其中会存在细菌。另外，过滤时在避免浪费的情况下要尽量快，因为水样的一些杂质容易堵塞滤膜孔。

样品的贮存很关键，在不知道水样中有机物种类的时候，往往里面也有可能含有易降解的DOC，所以尽量在采集完水样后立刻进行测定，或保存于低温条件下，防止微生物降解。另外，应尽量避免贮存在瓶子中的样品与空气接触。

3.3.4.2 湿法氧化法

先把水样中的无机碳去除，再添加氧化剂，装进密封的玻璃瓶中，于100 ℃条件下加热，在氧化剂的作用下，水样中的DOC被氧化成为CO_2，最后用非色散红外分析仪分析测定所生成的CO_2，依据标准和样品的峰高或峰面积计算出样品中DOC的浓度。此方法中比较常用的氧化剂有硫酸和重铬酸盐的混合液、过硫酸钾等。

此法所需的仪器设备较简略，操作步骤简单明了，只是精密度不高，不容易完成自动连续的测定。氧化剂还容易受水样条件的影响使氧化能力降低。

3.3.4.3 高温燃烧法（HTCO）

将去除无机碳的水样分别注入高温燃烧管中，在高温（普遍980 ℃）及催化剂的共同作用下，有机化合物和无极碳酸盐被转化成为CO_2，产生的CO_2量与样品中的DOC浓度成正比，产生的CO_2进入非色散红外分析仪进行检测。常用的氧化剂有以氧化铜或铂为主要物质的混合剂。

该方法的分析速度比较快、进样量少、重现性好，对部分难消解的DOC也有较好的消解能力。该法的不足是高温条件下样品汽化导致气压升高。因为空白中也含有碳，因此也容易造成空白组的数值增加，传统的进样方法是将滤膜直接放入常规液体进样的燃烧管中，存在样品体积过大、样品喷射困难、焚烧后残留的样品附着在燃烧管上等缺点。

3.3.4.4 紫外光催化化学氧化法

用高强度紫外光照射含有氧化剂的水样，用高能紫外光氧化分解过硫酸盐等氧化剂，用非色散红外分析仪（或电导法和连续光电法）测定CO_2。常用的非极性氧化剂主要有过氧化氢（H_2O_2）、过硫酸盐和卤素氧化物。

此法的测定条件比较平和，可在常温下进行，能连续自行自动检测。不足之处是受紫外光的发射强度、曝光时间等的影响较大，所加试剂也容易被污染。

3.3.4.5 臭氧氧化法

臭氧氧化法是利用臭氧较强的氧化能力将海水中的有机碳氧化为CO_2，再用非色散红外分析仪测定CO_2。

此法的优点是反应速度快，无需二次净化；缺点是单纯利用臭氧氧化，臭氧利用率较低，协同其他氧化剂的研究正在普遍开展中。通常利用过氧化氢协同臭氧氧化有机碳，可以提高臭氧的利用率，从而提高氧化有机碳的效率。

3.3.5　重金属的测定

3.3.5.1　汞的测定

（1）原子吸收分光光度法

原子吸收分光光度法的测量对象是呈原子状态的金属元素和部分非金属元素，是由待测元素灯发出的特征谱线通过供试品经原子化产生的原子蒸气时，被蒸气中待测元素的基态原子所吸收，通过测定辐射光强度减弱的程度，求出供试品中待测元素的含量的方法。原子吸收一般遵循分光光度法的吸收定律，通过比较对照品溶液和供试品溶液的吸光度，求得供试品中待测元素的含量。

此法灵敏度高，原子吸收分光光度法对大多数元素可达到毫克每升的测量范围，利用特殊手段可达到微克每升；精密度好，一般测定相对标准偏差为1%～3%，利用常规原子吸收分光光度法精密度可小于1%；应用范围广，可利用该法测定元素周期表中的70多种元素；干扰少，原子吸收光谱为分立的锐线光谱，且谱线重叠性少，干扰性小；试样用量少，采用石墨炉无火焰原子吸收法，每次测量仅需5～20 μL试液或0.05～10 mg的固体试样；快速简便，易于自动化，液体试样常可直接进样，一般样品无需进行预分离处理，新型号商品仪器的进样和测定步骤全部自动化完成。原子吸收分光光度法应用的主要限制是只能进行无机元素的含量分析，不能直接用于有机化合物的含量分析和结构分析；另外，常规原子吸收分光光度法每测一种元素，要更换一次空心阴极灯光源，不能同时进行多元素分析。

1）样品采集及贮存。

用内壁光滑的聚乙烯瓶采样，采样瓶应用洗涤剂清洗后，再用50%（体积分数）的硝酸溶液浸泡，并用实验室一级纯水再次清洗。水样采集时应充满容器，并立即在每升样品中加入10 mL硫酸，再加入0.5 g重铬酸钾，使样品保持淡橙色，如橙色消失应再次添加，密闭后存放在阴凉处。

2）测定步骤。

绘制标准工作曲线：取7个容量为100 mL的容量瓶，分别加入汞标准使用液0.00 mL、0.20 mL、0.40 mL、0.60 mL、0.80 mL、1.00 mL、2.00 mL，加水至50.0 mL，加2 mL浓硫酸、4 mL溴酸钾−溴化钾溶液摇匀，放置10 min，再加入几滴100 g/L的盐酸羟胺溶液直到黄色褪尽为止，然后用蒸馏水定容至100 mL。吸取上述溶液25.0 mL于还原瓶中加入2 mL 100 g/L的氯化亚锡溶液，迅速塞紧瓶塞混匀测定。

样品消化处理：量取50.0 mL过滤好的海水，同汞工作曲线一样消化处理，同时作试剂空白。

开启测汞仪，预热15 min，调节零点与灵敏度，分别测定试剂空白、标准溶液和样品消化液，记录吸光度。对实验数据进行线性拟合并计算出相关系数以及样品中汞的浓度。

目前冷原子吸收法已经成为测定海水中汞的主要方法，但由于其检出限高，一般无法直接测定海水中的汞，于是通常采用冷原子荧光法测定海水中的痕量汞。

（2）冷原子荧光法

冷原子荧光法是在冷原子吸收法的基础上发展起来的，属于发射光谱法。冷原子荧光法的原理是利用汞离子与硼氢化钾在酸性介质中反应生成原子态汞蒸气，汞蒸气被氩气载入原子化器中，在汞空心阴极灯照射下，基态汞原子被激发至高能态，再由高能态回到基态时，它会发射出特征波长的荧光，而荧光强度在一定范围内与汞的浓度成正比。

冷原子荧光法有灵敏度高、检出限低等优点，由于原子荧光的辐射强度与激发光源强度成比例关系，采用新的高强度光源可进一步降低其检出限。该方法的干扰少、分析校准曲线线性范围宽，样品的浓度范围可达$10^3 \sim 10^5$数量级，还可同时测定多种元素。

1）水样样品采集及贮存。

汞易挥发，或者易吸附在物体表面或缝隙中，为防止汞在运输过程中受到损失，应采用洁净的硬质棕色玻璃瓶装样。另外，加入硝酸和重铬酸钾固定样品，使硝酸在水样中的浓度达到5%（体积分数），使重铬酸钾在水样中的浓度达到0.05%（体积分数），保存。

2）测定步骤。

取10 mL水样于10 mL具塞比色管中。向比色管的水样中加入0.1 mL浓硫酸（用滴管滴加4滴）和0.1 mL 50 g/L的高锰酸钾溶液（用滴管滴加1~2滴，以能保持水样呈紫红色为主），加塞摇匀，置于金属架上，放入专用烘箱内，在105 ℃下消化1 h。

将消化后的水样样品取出冷却，边摇边滴加0.5 mL 100 g/L的盐酸羟胺溶液，直至过剩的高锰酸钾褪色。取1 mL上机测定。

（3）二硫腙分光光度法

二硫腙学名为二苯基硫卡巴腙，又名苯磺腙、打萨腙等。它是一种蓝黑色结晶粉末，难溶于水但能溶于碱性水溶液，可溶于氯仿、四氯化碳，并呈绿色。二硫腙能与许多金属形成络合物，这些络合物能溶于三氯甲烷或四氯化碳而呈色。控制一定的反应条件，可以提高二硫腙对重金属的选择性，使显色反应具有特异性，从而可用二硫腙分光光度比色法对食品中的多种微量矿物质元素进行测定。常用的控制方法是控制溶液的pH或加入适当的掩蔽剂。在pH 8.5～9.0时，加入氰化钾可以掩蔽铜、汞、锌等离子的干扰；加入盐酸羟胺可排除高价铁离子的干扰。二硫腙分光光度法是以二硫腙为螯合剂，使之与汞离子反应生成带色物质，而后用分光光度法测定汞离子的方法。这是环境监测中常用的一种间接、萃取分光光度法。该方法的优点在于不需要昂贵的仪器、准确度好、灵敏度高。

1）样品采集及贮存。

海水样品的采样装置、采样瓶的洗涤与保存、现场采样操作、样品的贮存与运输、若干需求等详见《海洋监测规范　第3部分：样品采集、贮存与运输》（GB 17378.3—2007）。水样现场预处理：加硫酸调至pH<2，贮存于硬质玻璃瓶中。

2）测定步骤。

测定汞时，水样在酸性介质中于95 ℃用高锰酸钾溶液和过硫酸钾溶液消解，将无机汞和有机汞转化为二价汞后，用盐酸羟胺溶液还原过剩的氧化剂，加入二硫腙溶液，与汞离子反应生成橙色螯合物，用三氯甲烷或四氯化碳萃取，再加入碱液洗去萃取液中过量的二硫腙，于485 nm波长处测其吸光度，以标准曲线法定量。

（4）高效液相色谱-电感耦合等离子体质谱法（HPLC-ICP-MS）

用高效液相色谱-电感耦合等离子体质谱联用技术测定天然水体中无机汞和甲基汞不需要预处理。该方法可以将复杂基质（如海水）中的汞快速预浓缩，并去除基质干扰，且采样操作步骤较少。无机汞的检测限为0.07 ng/L，甲基汞的检测限为0.02 ng/L，因此可以测定海水和浓盐水中的无机汞和甲基汞。通过对已经认证的沿海海水中汞标准物质（BCR-579）的重复分析，证明该方法具有良好的准确性和可行性。

（5）原子发射光谱法

原子发射光谱法是根据待测物质的气态原子被激发后所发射特征线状光谱的波长及其强度来测定物质中元素组成和含量的一种分析技术。该方法具有较好的选择性，在激发光源不同的情况下可得到不同灵敏度的检测形式，如在电弧光源、电火花光源和电感耦合高频等离子体光源（ICP）作用下的原子发射光谱法。该检测方法具有纳克每克级检出限，以及极小的基体效应、测量精度高、测量范围广等特点。

（6）生物传感器法

生物传感器法通常由生物敏感部件和换能器组成，是对特定种类化学物质或生物活性物质具有选择性或可逆响应的分析装置。生物传感器法检测汞含量的原理是利用生物活性物质与汞化合物的特异性相互作用来实现对汞的检测。生物传感器法通常具有很高的选择性，一般不需要对水样样品进行预处理，且具有很高的灵敏度，极其微量的汞就会使生物活性物质的性质发生明显变化。此外，生物传感器法还具有简单快速、适合现场检测和在线检测等许多优点。

（7）其他检测方法

水环境中汞的检测除上述方法外，还有中子活化法、高效液相色谱法（HPLC）、X射线荧光分析法以及电化学阳极溶出伏安法等。这些方法各有各的优势，但与前述的方法相比较，实际应用则相对较少。

（8）小结

目前，检测海水中汞的常用方法有冷原子吸收法、冷原子荧光法、二硫腙分光光度法、液相色谱-电感耦合等离子体质谱法、原子发射光谱法、生物传感器法等。其中二硫腙分光光度法不需要昂贵的仪器、准确度好、灵敏度高，适用于含汞较高的水样，不适用于远海和大洋中低汞海水的测定。冷原子吸收法、冷原子荧光法、液相色谱-电感耦合等离子体质谱法、原子发射光谱法等存在仪器昂贵、分析周期长、水样样品预处理复杂、检测费用昂贵等问题，难以满足方便、快捷、灵敏度高等方面的测定需求。探索和开发简便灵敏的汞分析检测方法势在必行，而已经在探索的生物传感器法在方便、快捷、灵敏度高等方面极具优势。但如何更好地提高生物传感器法中生物敏感分子的稳定性，是一个亟须妥善解决的问题。其他检测方法中，中子活化法技术简单，受剩余核半衰期长短影响，主要在热能点进行实验，不能满足目前发展的要求。与二硫腙分光光度法相比，高效液相色谱法所需仪器昂贵，优势不明显。X射线荧光分析法适用范围广、操作简单、不破坏试样，但是灵敏度低。电化学阳极溶出伏安法灵敏度高，精密度好，但是对实验条件要求高，重现性差。

3.3.5.2　镉、铅、铜、锌的测定

3.3.5.2.1　样品的采集与贮存

将采水器挂于绳索和钢缆上，从预定的采样深度封入一定体积具有代表性的水样，不会混入其他深度水样，而且在水样取回和分样之前，在采水器停留时间内待测化学组分不变。采样时常用直立式采水器，如果表层污染，则采水器关闭，到一定深度再打开，在到达预定深度采水后，采水器再关闭，提升取回。大部分海水中重金属的含量极低，因此，在样品采集、分样、过滤、贮存或预富集等一系列操作中，防止样品沾污十分重要。在样品采集、运输和贮存过程中，除建议用石英或派莱克斯耐热

硬质玻璃作为存储容器外，应使用塑料器皿（聚氨乙烯、聚乙烯和聚丙烯等）。海水中的液体试样一般比较均匀，取样单元可以较少。另外，应避免使用有色的塑料器具和移液枪头。水样采集后，要防止现场大气降尘带来沾污，尽快放出样品；为防止采样器内样品中所含污染物随悬浮物的下沉而降低含量，灌装样品时必须边摇动采水器边灌装；立即用孔径为0.45 μm的滤膜过滤处理，过滤水样用酸酸化至pH小于2，塞上塞子存放在洁净环境中。操作时应戴洁净的手套，并穿工作服。采样器、滤膜（孔径为0.45 μm的Nuclepore膜）、塑料器具和玻璃存储容器以及处理过程中用到的其他器皿应经过严格的清洗，清洗完后的容器和滤膜用洁净的塑料袋和器皿箱装好。所使用的试剂空白应小于被测定物的5%（体积分数）。需要对试剂做纯化处理。处理过程中用到的水，可以通过蒸馏水再次在石英蒸馏器中亚沸蒸馏，接着经过Millipore-Q（超纯水）系统得到。

3.3.5.2.2 测定方法

（1）火焰原子吸收分光光度法

火焰原子吸收分光光度法所使用的仪器是原子吸收分光光度计。火焰原子吸收分光光度法的测定原理是根据基态原子的外层电子选择性地吸收特征波长的光辐射，使原子中的外层电子从基态跃迁到激发态，从而对金属离子进行定性和定量分析。在原子化器中，试样中的待测元素在高温的作用下变成原子蒸气，原子蒸气从光源辐射出待测元素的特征波长，该特征波长通过原子化器时，被待测元素的基态原子所吸收，由辐射光强度的减弱程度，可以求出水样样品中待测元素的含量。

火焰原子吸收分光光度法是最常用的测定镉、铅、铜、锌的方法之一，但是该方法也有许多缺点。如果在水样样品预处理过程中做好水样样品分离富集，达到火焰原子吸收分光光度法的检测限，同时增加萃取有机相的稳定性、回收率以及精密度便可以更加精准地测量出海水中镉、铅、铜、锌的含量。同时也能排除其他污染物对水样样品测定的干扰。

1）测定步骤。

分别用高纯铜片（99.999%）、高纯锌粒（99.999%）、高纯铅粒（99.999%）、高纯镉粉（99.999%）配制1 mg/mL的标准储备液。

吸取上述标准储备液5 mL于50 mL容量瓶中，用水稀释至刻度，摇匀，此溶液含有铜、锌、铅、镉 各0.1 mg/mL，制成0.1 mg/mL的标准溶液。

测定前吸取5 mL 0.1 mg/mL的标准溶液于50 mL的容量瓶中，用1.5 mol/L的硝酸稀释至刻度，摇匀，得到含铜、锌、铅、镉各10 μg/mL的稀释后的标准溶液，分别取稀释后的10 µg/mL标准溶液0.0 mL、0.5 mL、1.0 mL、1.5 mL、2.0 mL、2.5mL，加入25 mL的容量瓶中，用1.5 mol/L的硝酸稀释至刻度，摇匀，得到0.0 µg/mL、0.2 µg/mL、0.4 µg/mL、0.6 µg/mL、0.8 µg/mL、1.0 µg/mL的铜、锌、铅、镉的混合标准系列溶液。

取1 000 mL水样，调节溶液pH为5，加入25 mL pH为5的醋酸铵-醋酸缓冲溶液，通过分离、富集装置进行分离富集，得到分离富集的溶液。

将分离富集的溶液用原子吸收分光光度计测定铜、锌、铅、镉的吸光度，同时测定混合标准系列溶液的吸光度，绘制标准曲线。根据标准曲线求出水样样品中铜、锌、铅、镉的浓度。

2）优缺点。

火焰原子吸收分光光度法具有选择性高、灵敏度高、精确度高、分析范围广等优点。原子吸收分光光度法的原子吸收带很窄，所以测定也比较快速准确，其所发射的光波是特定的，并不会干扰被检测的元素，这样使分析方法具有较强的选择性。火焰原子吸收分光光度法是目前最灵敏的方法，其精密度较高。在日常的一般低含量测定中，精密度为1% ~ 3%。如果仪器性能好，采用高精度测量方法，精密度<1%。这种分析方法具有其他分析方法所不具备的优点。但价格昂贵，测定不同的元素需要更换光源灯，分析复杂的试样时干扰严重。

（2）伏安极谱法

海水中的镉、铅、铜、锌在温度为10 ~ 35 ℃、pH为4 ~ 6、起始电位为-1.15 V条件下电解时会富集在工作电极上，并与汞发生还原反应转化为汞齐，当电位到达汞齐氧化电位时，富集在工作电极的金属又会重新氧化分解成离子进入溶液中。此时会产生电流，记录伏安曲线，通过伏安曲线便可以连续测量镉、铅、铜、锌在海水中的含量，其中测定的峰值电位可作为定性分析的依据，峰值电流与被测金属的浓度成正比，可作为定量依据。

1）测定步骤。

水样样品经硝酸酸化后，通过恒温水浴加热保持在10 ~ 35 ℃，用孔径为0.45 µm的滤膜过滤漂浮的杂质并冷冻保存。

采用逐级稀释的方式配制好镉（0.1 mg/L）、铅（0.5 mg/L）、铜（1.0 mg/L）、锌（1.0 mg/L）混合标准使用溶液。

设置仪器参数，将海水中的镉、铅、铜、锌的特征峰电压分别设置为-0.72 V、-0.52 V、-0.30 V、-1.10 V；氮吹时间均为300 s；镉、铅、铜、锌电解的起始电位、富集电位均为-1.15 V，终止电位均为0 V；富集时间均为120 s；扫描速率均为

15 mV/s；脉冲幅度均为50 mV。将水样样品解冻后重新加热至10～35 ℃，按照设置好的仪器参数进行测定，记录镉、铅、铜、锌的峰电流值，再加入100 μL镉、铅、铜、锌混合标准使用溶液后测定，并记录加标后的镉、铅、铜、锌的峰电流值。根据如下公式计算出镉、铅、铜、锌的浓度：

$$r_x = (Ir_x' V_x) / (I' - I) V$$

式中，r_x是镉、铅、铜、锌的浓度，单位为μg/L；I是加入混合标准使用溶液前镉、铅、铜、锌的峰电流值，单位为nA；r_x'是镉、铅、铜、锌混合标准使用溶液的浓度，单位为mg/L；V_x是加入的镉、铅、铜、锌混合标准使用溶液的体积，单位为μL；I'是加入混合标准使用溶液后镉、铅、铜、锌的峰电流值，单位为nA；V是测定用海水样品的体积，单位为mL。

2）优缺点。

由于海水中含有大量氯化钠、氯化镁等成分，因此会影响组分的测定，采用火焰原子吸收分光光度法必须对水样样品进行烦琐的预处理过程，并且所需要的仪器昂贵，使用成本高。而伏安极谱法，可以连续测定海水中的金属，还具有较强的抗干扰能力，灵敏度高，测定步骤简单，成本低。但是伏安极谱法中所用的汞易挥发，且有剧毒；汞能被氧化而失效；汞滴电极上残余电流大，会影响其测定的灵敏度。

（3）阳极溶出伏安法

阳极溶出伏安法又称反向溶出伏安法，是一种灵敏度高的电化学分析方法，可连续测定一定浓度范围的重金属。阳极溶出伏安法的原理是将还原电势施加于工作电极，当电极电势超过某种金属离子的析出电势时，溶液中的被测定金属离子还原为金属，电镀于工作电极表面，反向扫描电势，使沉积的物质快速溶出，该过程释放出的电子形成峰值电流，测量该电流并记录相应电势，根据氧化发生的电势值识别金属种类，通过计算电流峰高或者面积并且与相同条件下的标准溶液相比较得出金属离子的含量。

1）测定步骤。

称取镉、铅、铜、锌各0.500 g（纯度在99.99%以上），分别溶于（$V_{硝酸}$：$V_水$=1：1）硝酸溶液中，在水浴上蒸至近干后，以少量稀高氯酸（或者盐酸）溶解，转移到500 mL容量瓶中，用水稀释至标线，配制成1 mg/mL的镉、铅、铜、锌4种金属离子的标准储备溶液，摇匀，贮存在聚乙烯瓶或者硼硅玻璃瓶中。4种金属离子的标准溶液，由上述各标准储备溶液适当稀释而成。低浓度的标准溶液在使用前现配。

水样样品于采样当天用孔径为0.45 μm的滤膜过滤，然后加入硝酸固定。取

100 mL已酸化的水样样品加入5 mL浓硝酸，在电热板上加热消解到约10 mL。冷却后，加入浓硝酸和高氯酸各10 mL，继续加热消解，蒸至近干。冷却，用水溶解至约50 mL，煮沸，以除去氯气或氮氧化物。定容，摇匀。

各取一定体积的镉、铜、铅、锌标准溶液置于10 mL的比色管中，加1 mL 0.1 mol/L的高氯酸，用水稀释至标线，混合均匀。将混合液倾入电解杯中，将电位扫描范围设置为（−1.30±0.05）V。通氮除氧。在−1.30 V富集3 min，静置30 s后，由负向正方向进行扫描。富集时间可根据浓度的高低选择，低浓度宜选择较长的富集时间。记录伏安曲线，对峰高作空白校正后，绘制峰高-浓度曲线。

取一定体积的水样样品，加入1 mL 0.1 mol/L的高氯酸，用水稀释到10 mL，其他操作步骤与标准溶液测定步骤相同。根据经空白校正后的峰电流高度，在峰高-浓度曲线上查出待测成分的浓度。

2）优缺点。

阳极溶出伏安法灵敏度很高，可测定镉、铅、铜、锌浓度为1~1 000 μg/L的水样，在300 s的富集条件下检测下限可达0.5 μg/L，这主要是经过长时间的预先电解，将被测物质富集浓缩的缘故。该方法的优点：① 分析速度快，采用定时富集的方式，大大缩短了富集时间，待测物质溶出只需数秒钟的时间；② 可同时分离、测定多种离子，不需预先分离；③ 操作简便，仪器装置价格便宜，便于携带，可用于现场检测。缺点：① 易受水中有机物的干扰，需要预处理；② 大多数情况下分析的是金属离子的总量；③ 工作电极一般为悬汞或汞膜电极，在分析过程中会引入汞，对环境造成污染，对分析操作维护人员造成危害。近年来，环境友好型无汞工作电极的研究取得了较大的进展，但是性能与汞电极相当的较少，综合分析性能指标明显优于汞电极的工作电极尚未见报道。亟须吸纳相关学科的新成果，发展能完全取代汞电极的新型材料。

3）注意事项。

水样样品酸度或者碱度较大时，应预先调节至近中性。比较清洁的水可直接取样分析。含有机质较多的地表水，应采用硝酸-高氯酸消化的方法。

水样样品的化学组成容易发生变化，应立即对其进行测定。如不能立即测定，应采取适当保存措施，以防止或减少存放期间水样样品的变化。保存措施：控制溶液的pH、加入化学稳定试剂，冷藏或冷冻，避光和密封等以减缓生物作用、水解、氧化等发生。为防止标准溶液随时间发生变化，一般当天配制当天使用，在使用过程中也要避免污染。

三价铁离子干扰测定：加入盐酸羟胺或维生素C使其还原为二价铁离子以消除干扰。氰化物干扰测定：可加酸消除，加酸应在通风橱中进行（因氰化物有剧毒）。

（4）电感耦合等离子体质谱法

电感耦合等离子体质谱法（ICP-MS）是目前测定痕量金属最有效的方法之一。此法采用全定量数据采集模式、内标校正的标准校正曲线法进行定量分析，其检出限低、灵敏度高、线性动态范围宽、可用于多元素同时测定。但是仪器价格昂贵，检测费用高。

（5）分光光度法

1）二硫腙分光光度法测镉、铅、锌。

在强碱性介质中，待测金属离子与二硫腙生成红色螯合物，用三氯甲烷萃取分离后，于波长518 nm处测其吸光度，与标准溶液比较，定量。

2）二乙氨基二硫代甲酸钠萃取分光光度法测铜。

在pH为9～10的碱性溶液中。铜离子与二乙氨基二硫代甲酸钠（铜试剂，DDTC）作用，生成摩尔比为1：2的黄棕色胶体络合物，用四氯化碳或三氯甲烷萃取，在最大吸收波长440 nm处测定。此法常用于地表水、各种工业废水中铜的测定。

（6）电感耦合等离子体原子发射光谱法

电感耦合等离子体原子发射光谱法（ICP-AES）是以等离子体为激发光源的原子发射光谱分析方法，可进行多元素的同时测定。样品由氩气载气引入雾化系统，样品被雾化后以气溶胶形式进入等离子体的中心通道，在等离子体焰炬6 000～10 000 K的高温和惰性气体中，样品雾化后的气溶胶发生去溶剂、蒸发过程，样品中的铜、铅、锌、镉发生离解、原子化，原子化后的基态原子激发到激发态，或样品中的铜、铅、锌、镉发生电离，离子激发到激发态，然后发射出各自的特征谱线。根据各元素特征谱线的存在与否，进行元素的定性分析，由特征谱线的强度进行相应元素的定量分析。

1）测定步骤。

将水样样品用孔径为0.45 μm的水系滤膜过滤，待分析。

将等离子发射光谱分析用的混合离子标准物质分别配制成系列标准溶液，待分析。

设置好仪器参数后即可进行样品分析。先测定标准溶液，得到标准工作曲线。在相同的仪器参数下绘制标准曲线，然后将过滤好的海水样品一分为二，将一份样品稀释10倍后上机分析，测定高浓度元素；将仪器参数设置为对高浓度元素禁止采样，直接对另一份样品进样分析，测定低浓度元素。

2）优缺点。

电感耦合等离子体原子发射光谱法具有前处理简单、分析效率高、准确性高、稳定性好、线性范围宽、仪器耗气量低等优点，不足之处在于设备和操作费用较高，对有些元素的测定优势并不明显。

3.3.5.3　铬的测定

铬的测定方法主要有二苯碳酰二肼分光光度法、原子吸收光谱法、阳极溶出伏安法、极谱法、中子活化法、X射线荧光光谱法、化学发光法和电感耦合等离子体质谱法等。

（1）二苯碳酰二肼分光光度法

二苯碳酰二肼分光光度法测定铬时，可直接测定六价铬。受轻度污染的地面水中的六价铬，可直接用二苯碳酰二肼分光光度法进行测定，污水和含有机物的水样可先将三价铬氧化为六价铬，再测定总铬含量。

1）样品的采集及贮存。

海水样品用玻璃或塑料采水器采集，用孔径为0.45 μm的滤膜过滤，加硫酸至pH<2，可于硬质玻璃瓶中密封保存，保存温度为4 ℃，可保存20 d。

2）测定步骤。

在酸性溶液中，首先将水样中的三价铬用高锰酸钾氧化成六价铬，过量的高锰酸钾用亚硝酸钠分解，过量的亚硝酸钠用尿素分解，然后加入二苯碳酰二肼显色，于540 nm处测定吸光度。本法适用于地面水和工业废水中铬的测定。检出限为0.004 mg/L。

（2）原子吸收光谱法

测定铬的原子吸收光谱法主要有石墨炉原子吸收光谱法和火焰原子吸收光谱法。根据原子结构理论，当基态原子吸收了一定辐射能后，基态原子被激发跃迁到不同的较高能态，产生原子吸收光谱。不同的元素原子结构不同，对辐射的吸收是有选择性的，因此不同的元素有不同的共振吸收线。石墨炉原子吸收法比火焰原子吸收法效率高，灵敏度也高，得到广泛应用。

1）样品采集及贮存。

用经盐酸清洗过的无金属离子的塑料或玻璃容器采集水样样品，每2 L水样样品用2 mL 50%（体积分数）的盐酸酸化，或者将水样样品用硝酸酸化至pH<2。水样样品于4 ℃保存，需尽快分析。最多可以保存6个月。

2）测定步骤。

将水样样品浓缩富集，待用。配制一系列的铬标准溶液，设定好仪器参数，按铬浓度由低到高的顺序上机测定，得到不同浓度铬标准溶液的吸光度。绘制浓度–吸光度标准曲线。然后在相同的仪器参数下测定浓缩后的水样样品，得到各水样样品的吸光度，根据标准曲线回归方程得出水样样品中铬的含量。

（3）阳极溶出伏安法

阳极溶出伏安法的方法原理见3.3.5.2.2（3）。

1）样品采集及贮存。

样品的采集方法见3.3.5.2.1。采集后的水样于采样当天用孔径为0.45 μm的滤膜过滤，过滤后的样品加入硝酸固定。液体试样的化学组分容易发生变化，应立即对其进行测试，应采取适当保存措施，以防止或减少在存放期间试样发生变化。保存措施：控制溶液的pH、加入化学稳定试剂，冷藏或冷冻，避光和密封等以减缓生物作用、水解、氧化等发生。为防止标准样品随着时间发生变化，一般当天配制当天使用。在使用过程中因其极容易被污染，所以也要避免污染。

2）测定步骤。

阳极溶出伏安法测定铬的步骤：取海水样品于聚四氟乙烯管中，加入30%（质量分数）过氧化氢，再加入适量氢氧化钠，调节溶液至碱性，以利于总铬的氧化。在100 ℃下消解60 min，有利于反应往吸热方向进行，并能防止过氧化氢蒸发损耗。然后升高温度，蒸发至近干，冷却至室温，加入适量纯水溶解，定容，测定。

（4）极谱法

极谱法是通过测定电解过程中所得到的极化电极的电流–电位（或电位–时间）曲线来确定溶液中被测物质浓度的一类电化学分析方法。

1）样品采集及贮存。

样品的采集方法见3.3.5.2.1。样品的保存方法见3.3.5.3（3）1）。

2）测定步骤。

极谱法测定铬：准确移取10 mL海水样品于仪器电解池中，加入2.5 mL混合缓冲电介质（二乙基三胺五乙酸–硝酸钠–醋酸钠，DTPA–NaNO$_3$–NaAc，pH=6.2），立即接通高纯氮气，除氧300 s，平衡时间为10 s，采用两次标准加入法，每次加入0.10 mL 0.02 mg/L的铬标准溶液，设置−1.0 V为起始电位，−1.45 V为终止电位，进行电位扫描测定。

极谱法有检出限低、选择性好、灵敏度高、易于操作、快速、准确以及所用仪器易于推广应用等特点。该方法适合海水、地表水、生活饮用水中微量铬的测定。

（5）中子活化法

中子活化法，又称中子活化分析（neutron activation analysis，NAA）。中子活化法是用反应堆、加速器或同位素中子源产生的中子作为轰击粒子的活化分析方法，用于物质元素成分的定性和定量分析。它具有很高的灵敏度和准确性，对元素周期表中大多数元素的分析灵敏度可达$10^{-13} \sim 10^{-6}$ g/g。中子活化法由于所需仪器设备昂贵，难以普及。

1）样品采集及贮存。

样品的采集方法见3.3.5.2.1。样品的保存方法见3.3.5.3（3）1）。

2）测定步骤。

将海水样品和标准样品分别进样，样品经热中子流照射后把铬转变成^{51}铬（半衰期为27.8 d），冷却后用配有多道γ谱仪的Ge（Li）检测^{51}Cr在320 keV的峰值。

（6）X射线荧光光谱法

X射线荧光光谱法是利用原级X射线光子或其他微观粒子激发待测物质中的原子，使之产生荧光（次级X射线）而进行元素成分分析和元素化学态研究的方法。此法尚处于初期应用阶段，还不成熟，而且仪器价格昂贵，难以普及。

1）样品采集及贮存。

样品的采集方法见3.3.5.2.1。样品的保存方法见3.3.5.3（3）1）。

2）测定步骤。

用亚硫酸钠将六价铬还原为三价铬，三乙醇胺络合三价铬，经Chelex-100（一种弱阳离子螯合树脂）分离后，用X射线荧光法测定水样中三价铬。

（7）化学发光法

化学发光法是分子发光光谱分析法中的一类，它主要是依据化学检测体系中待测物浓度与体系的化学发光强度在一定条件下呈线性定量关系的原理，利用仪器对体系化学发光强度的检测，而确定待测物含量的一种痕量分析方法。化学发光法在痕量金属离子、无机化合物、有机化合物分析及生物领域都有广泛的应用。

1）样品采集及贮存。

样品的采集方法见3.3.5.2.1。样品的保存方法见3.3.5.3（3）1）。

2）测定步骤。

首先加入亚硫酸，将六价铬还原为三价铬。在碱性条件下，采用氨基苯二酰肼和过氧化氢作试剂。水中痕量三价铬可作为催化剂，催化过氧化氢氧化氨基苯二酰肼反应的进行，并发出蓝光，其光强与试样中三价铬的含量成正比。

（8）电感耦合等离子体质谱法

1）样品采集及贮存。

样品的采集方法见3.3.5.2.1。采集后的水样经孔径为0.45 μm的滤膜过滤后，加入50%（体积分数）的硝酸，酸化至pH<2，4 ℃下最多保存6个月。同时将超纯水用孔径为0.45 μm的滤膜过滤，用50%（体积分数）的硝酸调节至pH<2，作为空白溶液。

2）测定步骤。

在过滤后的1 mL海水样品中，加入19 mL 2%（体积分数）的硝酸溶液稀释，摇匀后作为配制标准曲线的基体溶液。再加入内标溶液，测定稀释后的样品，作为标准加入法工作曲线零点。各取1 mL基体溶液加到6个比色管中，在比色管中依次加入一定量的标准使用溶液，使所加入的元素标准溶液浓度分别为0.10 ng/mL、0.50 ng/mL、1.0 ng/mL、2.0 ng/mL、5.0 ng/mL、10.0 ng/mL，配制成一系列标准加入溶液，摇匀后测定，绘制标准加入法工作曲线。按上述步骤，对空白溶液进行测定。利用仪器内置的标准加入法工作曲线转外标法工作曲线的功能，将标准加入法工作曲线转化为外标工作曲线后，进行批量样品的测定。

（9）小结

上述方法中，原子吸收光谱法中的火焰原子吸收光谱法检出限为0.030 mg/L，阳极溶出伏安法检出限为0.20 μg/L，极谱法检出限为0.06 μg/L，二苯碳酰二肼分光光度法检出限为0.004 mg/L，中子活化法检出限为0.05 μg/L，X射线荧光光谱法检出限为0.1 μg/L，化学发光法检出限为0.17 μg/L，电感耦合等离子体质谱法检出限为0.009 52 μg/L。因此，检测性能最好的是电感耦合等离子体质谱法，最差的是火焰原子吸收光谱法。但是电感耦合等离子体质谱法所用设备价格昂贵，跟中子活化法、X射线荧光光谱法一样难于普及。二苯碳酰二肼分光光度法和原子吸收光谱法虽易于操作，所用试剂和设备价格便宜，但样品前处理操作繁杂、费时。化学发光法、阳极溶出伏安法和极谱法的可靠性还需进一步探讨。

3.3.5.4 砷的测定

天然水中溶解态砷的测定方法有很多，早期最常见的测定方法是分光光度法，包括银盐分光光度法和锌银盐分光光度法，但分光光度法一般灵敏度低，操作烦琐，故逐渐被淘汰掉。现阶段，较为广泛使用的是光谱法，该法操作快速、简便，可以通过结合氢化物发生、冷阱捕集、色谱分离等预富集分离技术进行砷的形态分析，并提高方法的选择性和灵敏度，降低检出限，扩大适用范围，因而实际应用较广泛。

（1）二乙氨基二硫代甲基甲酸银（AGDDC）分光光度计法

在碘化钾、酸性氯化亚锡的作用下，五价砷被还原为三价砷，三价砷与新生态氢反应，生成气态砷化氢，气态砷化氢被二乙氨基二硫代甲基甲酸银-三乙醇胺的三氯甲烷溶液吸收，生成红色胶体银，于波长510 nm处测定吸光度。此法适用于测定水中的砷，检出限为0.007 mg/L，测定上限为0.50 mg/L。

吸取50.0 mL水样，置于砷化氢发生瓶中。加入4 mL浓硫酸、5 mL浓硝酸，在通风橱内煮沸消解至产生白色烟雾。如溶液仍不清澈，可再加5 mL硝酸，继续加热至产生白色烟雾，直至溶液清澈为止，注意避免碳化变黑。冷却后，小心加入25 mL水，再加热至产生白色烟雾，赶尽氮氧化物，冷却后，加水使总体积为50 mL。

取8个砷化氢发生瓶，分别加入0.00 mL、0.50 mL、1.00 mL、2.00 mL、3.00 mL、5.00 mL、7.00 mL、10.00 mL 1.00 μg/mL的砷标准溶液，各加水至50 mL。

在盛有消解后水样的砷化氢发生瓶以及盛有8个砷标准溶液的砷化氢发生瓶中均加入4 mL 50%（体积分数）的硫酸、2.5 mL 150 g/L的碘化钾溶液及2 mL 400 g/L的氯化亚锡溶液，混匀，放置15 min。于各吸收管中加入5.0 mL吸收溶液，插入塞有乙酸铅棉花的导气管。迅速向各砷化氢发生瓶中倾入预先称好的5 g无砷锌粒，立即塞紧瓶塞，使其不漏气。在室温反应1 h（低于15 ℃时可置于25 ℃温水浴中），最后用三氯甲烷将吸收液体积补至5.0 mL。在1 h内于波长515 nm处，用1 cm比色皿，以三氯甲烷为参比，测定吸光度，绘制标准曲线，从标准曲线上查出水样中砷的质量。

（2）氢化物发生-原子荧光光谱法（HG-AFS）

在酸性条件下，硼氢化钠与分析元素反应生成气态氢化物，生成的气态氢化物被惰性载气流导入特殊设计的石英炉中，并在此被原子化，受光激发，使基态原子的外层电子跃迁到较高的能级，在回到低能级的过程中辐射出特征的原子荧光，荧光的强度和原子的浓度（即溶液中被测元素的浓度）成正比，进而可进行定量测定。此方法适用于测定地表水中的微量元素，砷的检测范围为0.2 ~ 1.0 μg/L。目前，HG-AFS除了可测定样品中的砷，还可以测定样品中的铅、锡、汞和镉等。

（3）氢化物发生-原子吸收光谱法（HG-AAS）

HG-AAS与许多富集分离技术相结合，不仅可以进行砷的形态分析，同时也提高了测定方法的灵敏度。

用强还原剂硼氢化钠在盐酸溶液中与待测元素作用，生成气态氢化物，通过氢化物发生器把氢化物导入石英管中进行原子化，试样中的金属元素及其化合物在高温下解离成游离基态原子，依据生成的基态原子吸收该元素发射的特征谱线进行定量测定。该方法灵敏度高，选择性好，试剂及样品用量少，操作方便，分析快速。

（4）原子发射光谱法（AES）

AES具有灵敏度高、基体效应小、可同时测定多种元素等特点。电感耦合等离子体（ICP）光源的应用，极大地促进了AES在环境监测方面的发展。AES可以测定海水中砷的有机络合态及无机不稳定态的含量，灵敏度高，在海水痕量金属的测定方面具有很大的优势。此外，AES能同时测定多种元素，这对研究海水中不同元素的相互作用具有重要意义。

（5）火焰原子吸收光谱法

用火焰使试样原子化是目前广泛应用的一种方式。它是将试样雾粒化后与燃气和助燃气均匀混合，燃烧形成火焰使样品形成原子蒸汽，进而测量其吸收值。该方法简单、快速。

（6）催化示波极谱法

催化示波极谱法的测定原理是砷在磷酸-碘化钾-碲的支持电解质中，可产生一个很灵敏的极谱催化波，其波高与砷的含量成正比，依据峰电流-砷含量标准曲线进行砷的定量分析。

（7）阳极溶出伏安法

阳极溶出伏安法是一种电化学的测定方法，使用悬汞电极阴极溶出伏安法可直接测定样品中的三价砷。但溶出伏安法测定痕量砷的时候会受到铜的干扰，通过在底液中加入EDTA掩蔽剂与铜形成稳定的配位化合物，改变了铜的电极电位，从而克服了由于砷、铜电极电位接近而引起的铜对砷的测定产生严重干扰的缺点，对溶出伏安法进行了改进。

（8）高效液相色谱-电感耦合等离子体-质谱法（HPLC-ICP-MS）

HPLC-ICP-MS是高效液相色谱、电感耦合技术和质谱分析法的联用技术。依据3个技术的工作原理一步步将砷从样品中提取出来，然后再进行检测。

首先，利用高效液相色谱，依据待测溶液中各溶质分子在固定相和流动相间的分配系数、亲和力、吸附能力或分子尺寸的不同，使各溶质分子在固定相和流动相之间进行连续多次的交换而分离。然后，利用电感耦合等离子体技术，等离子体激发光源（ICP）将高效液相色谱分离出来的待测溶质分子蒸发汽化，分解为原子状态。原子状态的待测元素进一步电离成离子状态，原子或离子在光源中被激发发光。然后将激发的光分解为按波长排列的光谱，再利用光电器件检测光谱，进行定性或定量检测。最后，利用质谱把待测溶质分子转化生成带电离子，并在气态中根据质荷比把离子进行分离后进行检测。

3种技术的联用，增加了检测的准确性和可信度，也更加全面地分析了砷的存在和存在程度的大小。

3.3.6 海水中石油类物质的测定

3.3.6.1 重量法

重量法测定海水中石油类物质的方法原理：用有机萃取剂（石油醚或正己烷）提取酸化了的样品中的油类，将溶剂蒸发掉后，称重，计算石油类物质的含量。重量法应用范围不受油品种的限制，可测定含油量较高的污水，不需要特殊的仪器和试剂，测定结果的准确度较高、重复性较好。缺点是损失了沸点低于提取剂的石油类物质成分，操作复杂，灵敏度低，分析时间长，需要耗费大量的提取剂，而且方法的精密度随操作条件和熟练程度不同差异很大。因此，对于植物油含量较高的水体，采用该方法较适合，可以得到比较准确的结果；工业废水、石油开采及炼制行业中含油量较高的污水，此方法也适用，但对于石油类物质的含量低于10 mg/L的水样，测定结果误差较大。

总之，此法适用于油污染较重海水中石油类物质的测定，检测限为2.0×10^2 μg/L。

3.3.6.2 紫外分光光度法

利用石油类中芳香族化合物和含共轭双键化合物在波长215～260 nm紫外区的特征吸收测定石油类物质的含量。水样经正己烷萃取后，以油标准作参比，进行紫外分光光度测定，绘制标准曲线，即可检测出水样中石油类物质的含量。

该方法精密度高，操作简单，适用测定范围为0.05～50 mg/L的含石油类物质水样，所用溶剂为石油醚或正己烷，它溶解能力强，来源较广，毒性小。如果要精确测定含油量，其中标准油取得十分困难，因此，数据可比性和准确性都较差，如果能简化标准油品的提取过程，其应用范围将进一步扩大。本法适用于近海、河口水中石油类物质的测定，检测限为3.5 μg/L。主要测量从海水中萃取的共轭聚烯烃（225 nm）和芳烃（254 nm）。此法的优点是易操作，缺点是受油标限制。

3.3.6.3 荧光光度法

荧光光度法测定石油类物质的原理是根据有机物吸收紫外光后发射出的荧光强度定量。同紫外分光光度法一样，产生荧光的物质主要是芳香族化合物和含共轭双键化合物。荧光光度法是最为灵敏的测油方法，其测定范围为0.002～20 mg/L，但当油品物质中芳烃数目不同时，所产生的荧光强度差异很大。本法适用于大洋、近海、河口等水体中油类的测定。主要测定萃取物中的不饱和化合物、芳烃类物质。

此法的优点是易操作，对于低浓度的样品测定非常有利，尤其是测量生物样品中的石油烃时，受色素干扰小，省时又简便；缺点是油含量受油标准、激发波长和发射波长以及萃取和蒸发等过程的限制。

3.3.6.4　红外分光光度法

红外分光光度法测定石油类物质是采用四氯化碳（或三氯三氟乙烷）萃取水体中的石油类物质，根据油类中碳氢伸缩振动频率在红外光谱区产生的特征吸收测定石油类物质的方法。红外分光光度法分为非分散红外分光光度法和红外分光光度法，非分散红外分光光度法利用油中烷烃的甲基、亚甲基在近红外区波长3.41 μm附近的特征吸收；红外分光光度法利用烷烃中甲基、亚甲基及芳烃的碳氢振动3个波长的吸收。红外分光光度法的优点是由于充分考虑了烷烃和芳香烃的共同影响，待测样品中各烃类的组成变化对测定的结果影响不大。相对于重量法、紫外分光光度法和荧光光度法而言，红外分光光度法算是当前比较好的石油类分析法，更具有普适性和代表性。

但是非分散红外分光光度法应尽可能选用与污染源相同或相近的标准油品。而且该方法使用的四氯化碳（或三氰三氯乙烷）是国际公约《关于消耗臭氧层物质的蒙特利尔议定书》限制使用的试剂，截至2010年发展中国家必须全部停用，因此积极开发和寻找代替产品是解决测油问题的当务之急。

此法适用于石油炼制业废水、污染源和船舶油水分离结果的测定。主要测定烷烃、环烷烃和芳香烃，测定范围为0.12 ~ 0.20 mg/L。此法的优点是一般不受油标准的限制，缺点是灵敏度低。

3.3.6.5　填充柱气相色谱法

填充柱气相色谱法是根据不同物质在不同介质中分配系数不同的原理，利用样品中含油物质在油相和气相中的分配分数以及流速得到的色谱图，然后进行定性或定量分析的方法。填充柱气相色谱法是通过待测样品经柱分离后，各组分依次进入检测器，测定色谱上保留时间介于正癸烷和正四十烷之间的所有能被火焰离子化检测器（FID）测出峰的物质。该法要求萃取剂为沸点在36 ~ 69 ℃的烃类物质，纯度要求高，一般选用正戊烷或正己烷，两者均不属于破坏臭氧层的物质。该法的优势是检出限低，为0.01 mg/L，可同时对多个组分进行测定，但难以检测石油类总量。

此法可用于测定样品中的总烃、单一的正构烷烃以及正构烷烃和异戊二烯两者浓度之比，但分离效果差。

3.3.6.6 石英玻璃毛细管柱气相色谱法

石英玻璃毛细管柱气相色谱法可测定单一的正构烷烃和用硅胶柱或氧化铝柱以及用氧化铝加顶填装的硅胶柱上预分离之后的芳烃，分离程度比填充柱色谱高，但操作麻烦、分析时间长。

3.3.6.7 气相色谱–质谱联用技术

气相色谱–质谱联用技术是将理想的分离装置（气相色谱仪）和优越的鉴定工具（质谱仪）联机应用的方法，特别是现代有与之相配的数据处理系统的情况下，定性和定量分析都非常方便，可测定单一的组分和预选定的组分。

3.3.6.8 水生生物监测

水生生物监测用于分析生物体中石油烃含量，通过此方法可揭示某海域石油烃污染对生物的影响程度。

3.3.7 海水中微塑料的测定

微塑料污染遍布全球海洋，从赤道到极地，从近海到大洋，存在于海水的表层和深层沉积质中，对海洋生态环境的破坏性极大，在2015年就被列为环境与生态科学领域亟待解决的第二大科学问题。在海洋环境中，微塑料基本来自陆源，主要包括两个方面：① 工业生产过程中伴随产生的塑料颗粒废料被直接排进海洋；② 来自碎片和纤维等较大的塑料降解。

环境中微塑料的识别和检测方兴未艾，准确可靠、简便高效的分析方法对微塑料的检测至关重要。目前，微塑料检测通常包括尺寸形貌表征及化学元素组成的分析。尺寸在1~5 mm范围内的微塑料可以通过裸眼进行筛选，尺寸为微米级的则需要借助显微镜进行观察。由于某些类似微塑料的物体特征模糊，使得很难仅通过目视分析准确识别微塑料，因此需要借助其他手段，如光谱、质谱、热分析等方法进一步表征。尺寸、形状、颜色、聚合物类型等因素使得微塑料的准确识别阻力重重，难以得出一致通用的分析方法。

3.3.7.1 样品的采集与保存

海水中微塑料的采集主要采用拖网采样法。当在表层采集需要调查是否含有微塑料的水样时，一般使用拖网、筛和泵等多种工具，但是，根据目前研究微塑料的实验来看，大多数都是使用位于船体迎风方向的拖网（这样可以避免船体移动影响水样的采集），现在所使用的拖网大部分为Manta网、Neuston网，其中Neuston网可以采集到大约0.5 m深处的水样；当在次表层采集需要调查是否含有微塑料的水样时，选用

Bongo网，可以采集水样的平均深度为3 m；当在底部深层采集需要调查是否含有微塑料的水样时，采用底栖拖网。

通过调查船横向拖曳拖网的方式进行水样的采集。使用拖网进行采集的好处是，能够收集大量的水，并将微塑料集中在一起。拖网的网孔孔径尺寸越小，采集到的微塑料越多，同时微塑料的粒径也会越小，但是，并不是网孔孔径的尺寸越小越好，因为网孔的孔径太小，会造成拖网堵塞，反而不能采集到更多的微塑料，所以在取水样时，一般选取孔径为333 μm的拖网，这个孔径尺寸也是美国国家海洋和大气管理局和欧盟海洋战略框架指令（MSFD）所推荐的。

对采集到的微塑料，一般都进行了现场目检分离和计数，所以微塑料的保存方法在微塑料研究中较少涉及，目前还没有较为准确的保存方法。本书从相关文献中总结了3种保存方法，① 深度冷藏：锡箔纸包被后，带回实验室于−20 ℃下冷冻保存。若样品需长途运输，运输过程可加入冰袋冷冻保存。② 室温保存：黑暗中于室温下保存。将样品在室温下避光保存。③ 聚乙烯或铝箔密封保存：样品采集后需要放在聚乙烯封口袋或者铝箔中密封保存，带回实验室进行分析。

3.3.7.2　预处理方法

（1）化学消解法

化学消解法是生物样品微塑料提取的常用手段。通常使用酸、碱、氧化剂或酶等进行组织消解。酸性消解液通常使用的是69%（体积分数）硝酸溶液，其他酸性溶液还有65%（体积分数）硝酸、65%（体积分数）高氯酸及100%（体积分数）高氯酸等。

应用化学消解法提取微塑料虽然操作简单，费用较低，但所用的消解溶液的种类多，而且不同样品所需的消解溶液的种类、温度和时间都不一致。除此之外，该方法处理时间长，消解过程中会有其他化学物质生成，影响消解效果。

（2）密度分离法

密度分离法是目前分离沉积质微塑料的传统方法，通常采用氯化钠饱和溶液作为浮选液，将浮选液加入沉积质中充分搅拌，在浮力作用下实现微塑料和沉积质的分离。待悬浮液静置后，密度较小的微塑料会浮到浮选液表面，而密度较大的沉积质会沉降到浮选液底部。

传统的密度分离法操作步骤复杂，浮选液与样品不易充分混合，分离效率低且静置耗时长；密度较小的氯化钠饱和溶液无法实现微塑料的完全分离，密度较大的氯化锌、碘化钠等溶液具有较强的毒性，对环境造成二次污染。

3.3.7.3　目视分析法

现阶段，研究人员大多采用目视分析法对样品中微塑料进行计数。使用该法量化微塑料时，首先将海水或沉积质通过滤膜过滤分离微塑料，采用裸眼或显微镜观察过滤后的滤膜，根据滤膜上微塑料的形状、尺寸和颜色对其进行分类并计数，然后采用仪器分析方法（光谱分析、热分析、质谱分析等）对筛选出的微塑料进行进一步确认，以最终确定初始样品中微塑料的数量。对初始样品中微塑料数量进行计算时，通常采用视野目测单位面积中"疑似微塑料"数量减去经光谱、质谱分析法等确认的非微塑料数量，再根据初始样品体积回推计算，即可得出样品中微塑料总数量。通常，疑似物被认定为微塑料需符合以下标准：显微镜下无细胞或有机结构；纤维质地均匀无扭曲且不易被镊子夹断；有色颗粒需着色均匀等。依据此标准筛选样品中的微塑料并分类，按照尺寸将其在20～5 000 nm范围内划分为10个等级，根据形状（纤维状、颗粒状、薄膜状等）和颜色（红、黄、蓝、绿等）将微塑料进一步进行分类。

3.3.7.4　光谱分析法

（1）傅立叶变换红外光谱法

傅立叶变换红外光谱法（FT-IR）具有不破坏样品、预处理简单等优点，被广泛用于微塑料的定性检测与成分分析，其优势是能够确定聚合物的类型。FT-IR有透射和反射两种模式，两者均可用于微塑料的检测。透射模式能够提供高质量光谱，但需要红外滤光片，而反射模式可以快速分析一定厚度和不透明的样品，较适合检测环境样品中的微塑料。因此，可以根据不同的需求灵活地选取合适的操作模式对特定的样品进行分析。

（2）拉曼光谱法

拉曼（Raman）光谱法是一种基于光的非弹性散射的振动光谱技术，由于在检测微塑料方面具有无破坏性、低样品量测试、高通量筛选和环境友好等显著优势，因此迅速受到研究者青睐。当激发光照射到样品上时，由于分子的振动而使激发光发生非弹性散射并产生拉曼位移，从而得到物质的特征拉曼谱。激发波长越短，拉曼光谱的空间分辨率越高。所以在检测微塑料时激发光的波长选择紫外和可见波段，可使分辨率提高到微米级别，但是这样会使荧光干扰强，致使荧光信号峰与拉曼峰重叠。如果微塑料表面老化或者受到生物污损，在拉曼光谱测试中容易遇到荧光的干扰。此外，由于部分物质红外活性和拉曼活性互斥，即有红外活性则无拉曼活性，反之亦然，故红外光谱和拉曼光谱在检测微塑料时或许可以相互补充。

（3）热分析法

目前，检测微塑料常用的技术除光谱分析法之外还有热分析法。如热重分析-差示扫描量热（TGA-DSC）法、热解-气相色谱-质谱（Py-GC-MS）法和热萃取解吸-气相色谱-质谱（TED-GC-MS）法。不同聚合物在热稳定性方面存在差异，TGA-DSC法基于测定聚合物在固-液相转变过程中的热量差与温度的关系来判断聚合物的类型。而Py-GC-MS法与TED-GC-MS法通过对微塑料的热降解产物进行分析从而判断其种类，将峰面积与同位素标记的内标进行比较来实现微塑料的定量。

与光谱法相比，热分析法对样品具有破坏性，且仅能够进行化学表征，无法得到微塑料的形貌、尺寸及数量统计。因此，需要对热分析方法不断完善和优化，使其成为高效并广泛应用的检测微塑料的技术。

3.3.7.5 其他分析法

（1）质谱法

质谱法（MS）检测聚合物的优势在于能够给出结构、相对分子质量、聚合度、官能团以及端基结构等信息，通常与其他技术联用来检测环境中的微塑料。基质-辅助激光解吸电离-飞行时间-质谱（MALDI-TOF-MS）是基于离子碎片的质量电荷之比与离子碎片的飞行时间成正比的原理来检测目标分析物。

（2）扫描电子显微镜-能谱仪联用法

扫描电子显微镜（SEM）比光学显微镜的分辨率高，能使物体的成像更加清晰，但是SEM无法分辨出样品的颜色，且使用SEM仅能得到被测样品的形貌特征而无法得知其元素组成，故在检测微塑料时多与能谱仪（EDS）联用。

（3）热解-气相色谱-质谱联用

热解-气相色谱-质谱联用（Py-GC-MS）方法的原理是在惰性环境中以可预测的方式分解聚合材料，生成的聚合物片段可以根据其大小和极性差异进行色谱分离，并在气相色谱柱出口用质谱检测器进行分析。

热解-气相色谱-质谱联用能对微塑料进行定性和定量检测，但单次检测量较小，更适用于纳米尺寸的微塑料；虽然可以用染色法辅助热解-气相色谱-质谱联用检测，但容易估错生物体内的微塑料种类而无法定性分析，且将生物体内的微塑料和其他组织分开染色仍是一个考验。

热解-气相色谱-质谱联用适用于分析结构比较复杂的分子，如分析识别聚合物及其降解产物，也有利于分离微塑料与化学添加剂，进一步识别微塑料的成分。但这个方法是有破坏性的，会导致塑料颗粒被完全破坏，从而影响进一步的分析测定。

上述各种分析方法各有优缺点，如表3.1所示。

现阶段，尺寸较大的微塑料检测相对较易，尺寸越小，识别起来越耗时。在评估微塑料对生态环境和人类健康的风险时，越来越需要对微米甚至纳米尺寸的微塑料进行快速准确的分析，这就需要不断改进现有的方法以及开发新的技术来检测和量化环境样品中的微塑料，以不断优化检测时间和效率。微塑料的全自动或半自动的仪器分析结合图像分析能够同时获得微塑料的物理和化学特性，这可能是未来微塑料快速准确检测的一个重要研究方向。

表3.1　各种分析方法的优缺点比较

检测方法	优点	缺点	参考文献
目视法	方法简单、易操作、能够快速分析尺寸较大的微塑料	无法对微塑料的化学成分进行分析，不能确定其聚合物类型；容易产生假阳性或假阴性信号	（Bagaev等，2018；Dris等，2016；Lares等，2018；Rodriguesa等，2018；Shim等，2017；Song等，2015；Sutton等，2016；Zhao等，2014）
傅立叶变换红外光谱法	无损分析；通过化学成分确认可以极大减少假阳性或假阴性信号的可能性；透射、反射、衰减全反射模式均可使用；最低检测尺寸可达10 μm	需对样品逐一分析，无法大面积检测，效率较低；谱图解析耗时长；容易受水分的干扰	（Gallagher等，2016；Harrison等，2012；Löder等，2015；Lusher等，2013；Mintcnig等，2017；Munaria等，2017；Ojeda等，2009；Rocha-Santos等，2015；Shim等，2017；Wenning等，2002）
拉曼光谱法	无损、非接触分析；通过化学成分确认可以极大减少假阳性或假阴性信号的可能性；分辨率高，最低检测尺寸可达1 μm；不受水分的干扰	测定时间长，信噪比低，存在荧光干扰；易受颜料干扰	（Araujo等，2018；Erni-Cassola等，2017；Huppertsberg等，2018；Imhof等，2016；Lenz等，2015；Rocha-Santos等，2015；Schymanski等，2018；Shim等，2017；Silva等，2018；Zhan等，2015）
热重分析-差示扫描量热法	操作简单，检测所需样品量低，分析准确度高	聚合物支链、杂质、添加剂易影响聚合物的转变温度，且转变温度相似会导致难以识别共聚物	（Huppertsberg等，2018；Majewsky等，2016；Rocha-Santos等，2015；Shim等，2017；Silva等，2018）

检测方法	优点	缺点	参考文献
热萃取解吸-气相色谱-质谱法	方法简单、分析快速；不需要预先筛选出样品中的微塑料，简化了样品处理过程	对分析样品具有破坏性，仅能够进行化学表征，无法得到微塑料的形貌特征；数据复杂，解析有一定难度	（Dümichen等，2015，2017；Huppertsberg等，2018；Rocha-Santos等，2015；Silva等，2018）
热解-气相色谱-质谱法	检测所需样品量低，准确度高，可同时识别聚合物类型以及添加剂的种类，亦能够识别共聚物		（Dekiff等，2014；Hanvey等，2017；Nuelle等，2014；Rocha-Santos等，2015；Shim等，2017；Silva等，2018）
质谱法	能给出聚合物的结构、相对分子质量、聚合度、官能团以及端基结构等信息	不同样品需要不同的离子化试剂，因此该法不具备普适性	（Huppertsberg等，2018；Kirstein等，2016；Weidner等，2010）
扫描电子显微镜-能谱仪联用法	可分析纳米尺寸的微塑料，能够同时给出超清晰和高倍率的图像，以及微塑料的元素组成等信息	样品制备过程费力且昂贵，不能进行大面积检测，工作效率较低	（Cooper等，2010；Ding等，2019；Huppertsberg等，2018；Rocha-Santos等，2015；Silva等，2018）

3.4 小 结

水是生命的摇篮，海水中的营养盐与海洋生物密切相关，是常规海洋水质调查中的重点分析项目。营养盐氮的主要检测项目有氨氮、硝酸盐氮、亚硝酸盐氮、有机氮和总氮，测定方法也变化多样，《海洋调查规范 第4部分：海水化学要素调查》（GB/T 12763.4—2007）中把各种形态的氮转化为亚硝酸盐，采用重氮-偶合分光光度法测定。营养盐磷的主要检测项目是活性磷和总磷，GB/T 12763.4—2007中把各种形态的磷转化为无机态磷，采用维生素C还原磷钼蓝法。海水中的溶解无机碳是海洋二氧化碳系统的重要参数，使用非色散红外吸收，能准确、快速、方便地测定出海水中溶解无机碳的含量和存在形式，对于了解海洋对二氧化碳的吸收、转化和迁移过程，进而了解全球气候变化和碳的全球循环都具有十分重要的意义。海洋污染调查中的有机物通常以COD、BOD和TOC表示；重金属的主要测定方法有原子吸收法和分光光度法；

而油类及其衍生物、有机污染物的测定则主要采用气相色谱法和液相色谱法；微塑料的测定则主要采用目视法和质谱法。

思考题

海水中营养盐的测定方法已经有了国家标准方法，为什么还要学习和开发其他的方法？

参考文献

曹雷，郭亚伟.海水中微量铬测定的极谱法分析研究［J］.淮海工学院学报（自然科学版），2009，18（2）：53-56.

曹引.湖库水质遥感和水动力水质模型数据同化理论方法研究［D］.上海：东华大学，2019：11-13.

巢静波，王茜，王静如，等.吹扫捕集-原子荧光光谱与同位素稀释质谱法结合测定海水中痕量汞［J］.分析科学学报，2021，37（2）：165-170.

陈同欢，梁春群.断续流动氢化物发生-原子荧光光谱法测定天然饮用矿泉水中痕量汞［J］.化工技术与开发，2006，35（9）：31-33.

陈雪峰.二乙氨基二硫代甲酸银分光光度法测定砷的影响因素及解决方法［J］.科技情报开发与经济，2010，20（22）：168-170.

崔艳红，常亮，邱烨，等.大体积进样-原子荧光光谱法测定海水中痕量汞［J］.中国无机分析化学，2022，12（4）：40-44.

丁欢，吴思颉，李瑞利，等.我国近海环境中微塑料研究进展［C］//第十五届中国水论坛论文集，2017：271-275.

丁金凤.典型海洋经济生物中微塑料的分析方法及分布特征研究［D］.青岛：自然资源部第一海研究所，2019.

丁铃.悬浮物输送的数学模型［J］.水利学报，2006，56（5）：518-519.

董辰杨.基于分光光度法的海水营养盐自动测定系统设计［D］.桂林：桂林电子科技大学，2019：1-5.

冯士筰，李凤岐，李少菁.海洋科学导论［M］.北京：高等教育出版社，1999：133-142.

郭莉霞，王远亮，辛娟.痕量砷测定方法的研究进展［J］.重庆大学学报（自然科学版），2005（9）：128-132.

国家海洋局.海洋监测规范［Z］.北京：海洋出版社，1991.

国家海洋局908专项办公室.海洋化学调查技术规程［M］.北京：海洋出版社，2006.

韩舞鹰.海水化学要素调查手册［M］.北京：海洋出版社，1986.

贺舒文，刘莹，赵超.伏安极谱法同时测定海水中的铜、镉、铅、锌［J］.现代科学仪器，2017（5）：130-134.

贺雨田，杨颉，隋海霞，等.基于显微光谱法的双壳类海洋生物中微塑料的检测方法研究［J］.分析测试学报，2021，40（7）：1055-1061.

胡敏修.雷州半岛造礁珊瑚保护区悬浮物与重金属污染分析及风险评价［D］.广东：广东海洋大学，2020：1-3.

黄志，刘英萍，张宏.氢化物发生ICP-AES法同时测定纯净水中的砷和汞［J］，光谱实验室，2001，18（3）：382-384.

金朝晖，环境监测［M］.天津：天津大学出版社，2007.

俊豪，梁荣宁，秦伟.海洋微塑料检测技术研究进展［J］.海洋通报，2019，38（6）：601-612.

李丹，于静，钱玉萍.氢化物发生原子荧光法测定陆地水中痕量汞［J］.资源环境与工程，2009，23（6）：867-869.

李香梅.影响水中悬浮物测定的因素及误差控制方法［J］.海峡科学，2014，24（7）：69-70.

李月.海水中溶解有机碳的测定方法研究［D］.青岛：中国海洋大学，2010.

林佳.东海冬季悬浮物的分布和收支估算研究［D］.广州：中山大学，2017：1-5.

刘继亮.水中悬浮物测定方法的探讨［J］.黑龙江环境通报，2015，39（2）：22-23.

刘玉宁.微塑料分离方法及吸附抗生素机理研究［D］.黑龙江：哈尔滨工业大学，2021.

吕露露.海洋微塑料检测方法研究［D］.湛江：广东海洋大学，2020.

秦晓.海水中悬浮物的测定及影响因素分析［J］.化学工程与装备，2022，83（6）：228-230.

邱灵佳，黄国林，苏玉，等.总有机碳测定方法研究进展［J］.广东化工，2015，42（9）：107-108.

侍茂崇，李培良.海洋调查方法［M］.北京：海洋出版社，2018.

苏庆梅，秦伟.海水中重金属铅的检测方法研究进展［J］.海洋科学，2009，33（6）：105-111.

孙俊梅，刘怀志，廖振环等.奎宁负载树脂分离氢化物发生ICP-AES测定汞的研究［J］.分析科学报，1998，14（4）：288-290.

孙西艳，付龙文，刘永亮，等.海水化学需氧量的分析方法与监测技术［J］.中国科学（化学），2022，52（1）：1-18.

谭湘萍.海水中油类分析方法的探讨［J］.环境污染与防治，1988（6）：35-37.

王昆，林坤德，袁东星.环境样品中微塑料的分析方法研究进展［J］.环境化学，2017，36（1）：27-36.

王亮，胡亚军.ICP-AES和ICP-MS法测定不同环境样品中重金属镉比较［J］.低碳世界.2018（5）：27-28.

王小慧.电感耦合等离子体质谱法测定海水中的铜铅锌镉铬锰镍砷［J］.能源与环境，2018，6：87-89.

王燕，王艳洁，赵仕兰，等.海水中溶解态总氮测定方法比对及影响因素分析［J］.海洋环境科学，2019，38（4）：644-648.

王长进，李银朋，哈明达.海洋石油污染监测方法综述［J］.中国化工贸易，2012，2：361.

韦业.电感耦合等离子体原子发射光谱法测定海水中的21种元素［J］.分析仪器，2017，1：37-40.

吴德秀，洪紫萍.火焰原子吸收分光光度法测定环境水样中的铜、铅、锌、镉［J］.杭州大学学报，1985，12（1）：103-110.

吴旸，赵娇娇，王婷，等.氢化物发生-原子荧光光谱法测定水中总砷［J］.化学分析计量，2021，30（10）：46-49.

杨苗苗.电位滴定法与硝酸银滴定法测定水中氯化物的比较分析［J］.海河水利，2020（S1）：51-53.

虞吉寅.冷原子吸收光谱法快速测定海水中汞［J］.浙江预防医学，2008（4）：93.

张际标，陈春亮，梁春林，等.水下文物保存环境调查技术与评估方法研究——以福建平潭沉船区为例［M］.北京：海洋出版社，2018.

张晔霞，刘琳娟，陈秀梅.阳极溶出伏安法、石墨炉原子吸收法测定海水中总铬的方法比较研究［J］. 环境科学与管理，2018，43（7）：133−137.

中华人民共和国国家质量监督检验检疫总局，中国国家标准化管理委员会. 海洋监测规范 第4部分：海水分析：GB 17378.4—2007［S］. 北京：中国标准出版社，2007.

中华人民共和国环境保护部. 水质 水中挥发性石油烃（C_6–C_9）的测定 吹扫捕集/气相色谱法：HJ 893—2017［S］. 北京：中国环境出版社，2017：1−8.

周德庆，吕世伟，刘楠，等. 海洋微塑料的污染危害与检测分析方法研究进展［J］. 中国渔业质量与标准，2020，10（3）：60−68.

Barboza L G A，Vethaak A D，Lavorante B R O，et al. Marine mi-croplastic debris：An emerging issue for food security，food safety and human health［J］. Marine Pollution Bulletin，2018，133：336−348.

Buttmann M. Suspended solids measurement as reliable process control［C］. Houston，T X：Instrument Society of America. ISA TECH EXPO Technology Update Conference Proceedings，2001，413（1）：563−572.

He D F，Luo Y M，Lu S B，et al. Microplastics in soils：Analytical methods，pollution characteristics and ecological risks［J］. TrAC Trends in Analytical Chemistry，2018，109：163−172.

Huppertsberg S，Knepper T P. Instrumental analysis of microplas-tics-benefits and challenges［J］. Analytical and Bioanalytical Chem-istry，2018，410（25）：6343−6352.

Prata J C，Da Costa J P，Duarte A C，et al. Methods for sampling and detection of microplastics in water and sediment：A critical review［J］. TrAC Trends in Analytical Chemistry，2019，110：150−159.

Silva A B，Bastos A S，Justino C I L，et al. Microplastics in the en-vironment：Challenges in analytical chemistry-A review［J］. Analytica Chimica Acta，2018，1017：1−19.

Veselova A，Shekhovtsova T N. Visual determination of mercury（Ⅱ）using horseradish peroxidase immobilized on polyurethane foam［J］. Analytica Chimica Acta，1999，392：151−158.

4　海洋大气化学调查

① 了解海洋大气化学调查内容。

② 掌握海洋大气化学调查的基本方法和内在科学意义。

③ 了解海洋大气化学调查的目的和意义，增强环境保护意识和责任。

海洋大气化学调查分为海洋大气悬浮颗粒物调查、温室气体调查和海洋大气降水调查。海洋大气悬浮颗粒物调查项目有总悬浮颗粒物、悬浮颗粒物中的金属、悬浮颗粒物中含氧酸盐、悬浮颗粒物中的离子、悬浮颗粒物中总碳浓度；温室气体调查项目有二氧化碳、甲烷和氮氧化物，其中大气中二氧化碳与海水中二氧化碳存在气体溶解平衡；海洋大气降水调查项目有电导率、pH、含氧酸盐和铵盐。

4.1　海洋大气悬浮颗粒物调查

在大气污染物中，悬浮物是危害人体的主要污染物之一，大气悬浮物是指悬浮在大气中的固体粒子和液态小滴等。悬浮在空气中的粒径小于100 μm的颗粒物通称总悬浮颗粒物，其中粒径小于10 μm的称为可吸入颗粒物。可吸入颗粒物因颗粒小、质量轻，能在大气中长期漂浮，漂浮范围从几千米到几十千米，可在大气中不断蓄积，使污染程度逐渐加重。特别是粒径小于10 mm的颗粒物，一般可在大气中飘浮几小时乃

128

至几年。如果人体鼻孔毛和呼吸道黏液不能将这些细小的悬浮物颗粒加以排除，颗粒物将直接进入人体肺泡，影响人体的健康。

4.1.1 海洋大气悬浮颗粒物样品的采集与保存

4.1.1.1 采样设备

使用由风向控制的大气总悬浮颗粒物采样器采集大气悬浮颗粒物。采样设备由风标、控制器及采样器3个独立的装置组成。采样体积的准确度取决于所使用的大气总悬浮颗粒物采样器的型号。采样器每半年进行一次流量校准。校准大气总悬浮颗粒物采样器流量需使用孔口校准器和压差计。

4.1.1.2 采样步骤

（1）采样设备的安装

将经孔口校准器、流量计（flowmeter）和压差计校准的风向控制大流量大气总悬浮颗粒物采样器，安装在考察船的最上层甲板上。用风速风向控制仪控制采样方向，以防船上烟尘的污染。

（2）空白采样滤膜准备

取瓦特曼（Whatman）41号纤维素滤膜若干张，使用X光看片机仔细检查，不能有任何缺陷，将选中的滤膜打印编号，放入干燥器中平衡24 h，用分析天平分别称至恒重。恒重的滤膜为空白滤膜，放入已编号的塑料袋中作采样备用，其中5张空白滤膜为"标准滤膜"，不作采样用。

（3）采样操作

选择风向、风速条件符合定向采样要求的时间进行采样。采样开始，调整风标装置输出信号区域于采样扇形角度内，接通控制器，打开采样器顶盖，松开采样夹上的螺丝，取出滤膜夹，用塑料镊子从塑料袋中取出编号的采样滤膜，将其平整放于支网上，扣好滤膜夹，旋紧螺丝，固定。在恶劣天气下更换滤膜时，必须增加防风雨的措施。盖好采样器顶盖，开启采样器。

待采样累积时间达到24 h则结束采样，打开采样器顶盖，夹取滤膜外缘取出滤膜，收集面向内对折滤膜，放入洁净干燥的聚乙烯塑料袋中，塑料袋表面贴上标签，记录编号、采样日期、起止时间及采样体积（标准状况下）。采样的同时，要记录风向、风速、气压、气温。

4.1.1.3 样品保存

将装有样品滤膜的聚乙烯塑料袋密封后，于冰箱中保存。样品滤膜经处理后，进行检测项目的分析。

4.1.2 总悬浮颗粒物调查

悬浮颗粒物包括固体和液体颗粒状物质。固体颗粒状物质主要有燃烧烟尘、海水飞溅进入大气后而被蒸发的盐粒、风吹起的扬尘以及微生物、植物种子、花粉等，它们多集中于大气的底层。一般认为，颗粒粒径小于1 nm的为溶解物质，颗粒粒径在1~100 nm的为胶体物质，颗粒粒径在100 nm~1 mm的为悬浮物质。

海洋大气中的总悬浮颗粒物含量主要使用重量法进行测定。原理是一定体积的海区空气通过空白滤膜，悬浮颗粒物被阻留在滤膜上，根据采样前后滤膜质量之差及样品采样体积，计算总悬浮颗粒物浓度（mg/m³）。此法适用于近海大气总悬浮颗粒物浓度的测定，测定下限为0.3 mg/m³。

4.1.3 悬浮颗粒物中的金属调查

4.1.3.1 悬浮颗粒物中铜、铅、镉和钒浓度的测定

载有海洋大气悬浮颗粒物的滤膜经硝酸-高氯酸消化制成待测溶液，再用无火焰原子吸收分光光度法测定铜、铅、镉和钒的含量。此法适用于近海大气中悬浮颗粒物中铜、铅、镉和钒浓度的测定。

4.1.3.2 悬浮颗粒物中锌、铁和铝浓度的测定

载有海洋大气悬浮颗粒物的滤膜经硝酸-高氯酸消化制成待测溶液，再用火焰原子吸收分光光度法测定锌、铁和铝的含量。此法适用于近海大气悬浮颗粒物中锌、铁和铝浓度的测定。

4.1.4 悬浮颗粒物中含氧酸盐浓度的测定

悬浮颗粒物中含氧酸盐浓度一般使用离子色谱法测定。利用离子交换原理进行分离，由抑制柱抑制淋洗液，扣除背景电导，然后利用电导检测器进行测定，根据混合标准溶液中各阴离子出峰的保留时间及峰高，定性和定量测定各阴离子的浓度。此法适用于近海大气悬浮颗粒物中甲基磺酸盐、亚硝酸盐、硝酸盐、硫酸盐、磷酸盐浓度的测定。当进样体积为100 μL时，检出限：甲基磺酸盐为0.02 mg/L，亚硝酸盐为0.05 mg/L，硝酸盐为0.1 mg/L，硫酸盐为0.1 mg/L，磷酸盐为0.03 mg/L。

4.1.5 悬浮颗粒物中离子浓度测定

用离子色谱法测定近海大气悬浮颗粒物中钠离子、铵离子、钾离子、镁离子和钙离子的含量。其原理是利用离子交换柱进行分离，由抑制柱抑制淋洗液，扣除背景电导，然后利用电导检测器进行测定。根据混合标准溶液中各离子峰的保留时间进行定性，利用各离子峰的峰高或峰面积进行定量，一次进样可连续测定上述各种阳离子。此法适用于近海大气悬浮物中钠离子、铵离子、钾离子、镁离子和钙离子的浓度测定。当采用抑制型电导检测时，进样量为25 μL，上述各离子的最低检出限见表4.1。当钠离子浓度太大以至影响铵离子的测定时，可选用高容量的阳离子交换分离柱IonPac CS 16。

表4.1 各离子的最低检出限

最低检出限/（mg/L）				
钠离子	铵离子	钾离子	镁离子	钙离子
0.01	0.04	0.01	0.02	0.03

4.1.6 悬浮颗粒物中总碳测定

利用非色散红外检测仪检测悬浮颗粒物中总碳含量。此方法基于特殊的高温陶瓷炉（HTC）技术。称取一定量的样品放入样品舟中，然后将样品舟推入高温炉，样品在高温条件下被氧化成二氧化碳。

通过膜片式抽气泵将二氧化碳从高温炉中抽出，通过由冷却和干燥剂高氯酸镁 $[Mg(ClO_4)_2]$ 组成的干燥系统和卤素吸收器，最后送入非色散红外二氧化碳检测器中进行测定。此法适用于近海大气悬浮颗粒物中总碳浓度的测定，测量范围为 3 ~ 500 mg。

4.2 温室气体调查

4.2.1 样品采集和保存

4.2.1.1 大气中甲烷和氧化亚氮样品的采集

准备采样管瓶、专用不锈钢采样针，将采样管瓶预先抽真空（真空度保持在-100 kPa左右）。采样时将瓶子举过头顶（瓶子离地约2 m），迎风将采样针长的一端扎入橡胶塞直至瓶底，保持5 s。为保证测试结果的可靠性，每次应采集2~3个样品，一般每天采集2次，重点海区则进行加密采样。

4.2.1.2 大气氮氧化物样品的采集

（1）短时间采样（1 h以内）

取两支内装10.0 mL吸收液的多孔玻板吸收瓶和一支内装5~10 mL酸性高锰酸钾溶液的氧化瓶（液柱不低于80 mm），用尽量短的硅橡胶管将氧化瓶串联在两支吸收瓶之间。以0.4 L/min流量采气4~24 L。

（2）长时间采样（24 h以内）

取两支大型多孔玻板吸收瓶，内装25.0 mL或50.0 mL吸收液（液柱不低于80 mm），标记吸收液液面位置，再取一支内装50.0 mL酸性高锰酸钾溶液的氧化瓶，接入采样系统，将吸收液温度保持在（20±4）℃，以0.2 L/min流量采气288 L。

4.2.1.3 样品的保存方法

采样结束后，密封采样袋，避免高温，避光保存并尽快测定，减少样品的吸附、解吸作用。

4.2.2 大气中二氧化碳调查

全球碳循环、CO_2浓度变化对全球气候变化、人类生存环境变化，乃至整个社会经济体系结构的可能影响以及人类所要采取的相应对策等构成了当今的"CO_2问题"，并且这一问题已成为世界所关注的重要问题之一，其中大气中CO_2浓度现状及其未来变化趋势当属"CO_2问题"中的核心内容。因此，对大气中CO_2浓度及分布进行准确的实时检测将是非常有必要的。

4.2.2.1 样品采集方法

用向上排空气法收集CO_2。因为CO_2密度比空气大，且能溶于水，不能用排水法收集，又因为它的密度比空气大，故选用向上排空气法收集。

4.2.2.2 保存方法

样品应贮存于阴凉、通风良好的库房内，远离热源、火源，防止容器破裂，压缩气体钢瓶应直立使用，必须用框架或栅栏维护固定。

4.2.2.3 测定方法

（1）红外光谱法

红外光谱法的基本检测原理是依据不同化学结构的气体分子对不同波长的红外辐射的吸收程度不同而进行测定的。CO_2对4.26 μm波长的红外光有强烈的吸收，根据朗伯-比尔定律，当红外光源发出的红外光照度为I_0，通过一个长度为l（cm）的气室，则透过的红外光照度（I）与被测CO_2气体浓度（c）之间满足下式：

$$I=I_0 e^{-Kcl}$$

式中，K为气体的红外光吸收系数［$m^3/(mg \cdot cm)$］，当气体的种类一定，则K就确定；I是透过的红外光照度（lx）；I_0是红外光光源发出的红外光照度（lx）；c是被测CO_2气体浓度（mg/m^3）；l是气室的长度（cm）。通过测出红外光光照度（I）的大小即可得知被测气体的浓度。

红外光谱法测定大气中CO_2具有分析速度快、无污染、操作简单方便、可实现远程监测等优点，再现性和重复性也相对较好，可用于在线实时监测。

（2）CO_2气敏电极法

CO_2气体通过气透膜进入水中，使水溶液pH改变，化学反应式为

$$CO_2+H_2O \longrightarrow HCO_3^-+H^+$$

故可通过测定pH的改变来计算CO_2的量。CO_2气敏电极所用的内指示电极是pH玻璃电极，Ag-AgCl为内参比电极，装在一个套管内，管内的电解质溶液（电极内充液）为$NaHCO_3$水溶液，且是酸碱平衡的。内管底部装有玻璃电极敏感膜，外管底部装有半透气膜，组成工作电池。CO_2气体通过半透气膜进入离子敏感膜表面与半透气膜之间的电极内充液中，打破了电极内充液中的化学平衡，使平衡向右移动，改变了电极内充液的pH。由pH电极测得电极内充液pH的变化，从而间接测得CO_2的量。

电极电位与电极内充液中的CO_2浓度呈能斯特关系：

$$E=E^\theta - \frac{2.303RT}{F}\lg c（CO_2）$$

式中：E为CO_2气敏电极和内参比电极组成的工作电池的电极电位（V）；E^0为CO_2气敏电极和内参比电极组成的工作电池的标准电极电位（V），是常数；R为摩尔气体常数［J/（mol·K）］，F为法拉第常数（C/mol），T为热力学温度（K），c（CO_2）是CO_2的浓度（mol/L）。

CO_2气敏电极具有价格低廉、操作方便、测量范围较宽等优点，但缺点也很明显。因为该方法采用的是pH传感器作用原理，所以会受到各种酸碱性气体干扰；另外pH玻璃电极中的玻璃电极敏感膜具有高阻抗，易受电磁波干扰，也容易损坏和老化，并且响应时间较长。

（3）气相色谱法

从目前世界各国对大气的连续检测表明，CO_2的日增加量在几至几十毫升每立方米，因此，对大气中CO_2测试精度要求数量级高达10^{-6} mol/mol。为达到较高的测试CO_2的精度、效率以及考虑到检测的必要性、简捷性，现今大多采用气相色谱法。随着科学技术的进步，分析手段不断改进，气相色谱仪与氢火焰检测器（FID）、热导池检测器（TCD）和电子捕获检测器（ECD）等检测器的联用，使气相色谱法的应用范围更广泛。

（4）其他检测方法

除以上几种CO_2检测方法外，还有滴定法、激光雷达检测方法、TOC分析仪测定法等。目前我国还没有制订出CO_2的标准分析方法，推荐的分析方法有非分散红外气体分析仪法、容量滴定法和气相色谱法。现多采用非分散红外线气体分析仪法，此方法的缺点是无法消除CO、碳氢化合物和水蒸气的干扰。采用TOC分析仪测定CO_2的浓度，具有快速、灵敏、准确度好、精密度高、操作简单的优点，并能消除CO、碳氢化合物、水蒸气以及SO_2和氮氧化物等酸性气体的干扰，弥补了非分散红外气体分析仪法、容量滴定法和气相色谱法测定CO_2的不足。TOC分析仪测定法适用于空气中CO_2浓度检测以及植物光合作用最适CO_2浓度的测定。

4.2.3　大气中甲烷的调查

甲烷是大气中对温室效应影响仅次于CO_2的气体。甲烷在大气中的含量对于太阳辐射过程和气候发展趋势的研究也是非常重要的。高效准确地检测地面环境空气中甲烷的含量及来源，能够为甲烷的减排提供非常重要的依据。

4.2.3.1　样品采集方法

可用向下排空气法收集甲烷。由于甲烷的密度比空气小，且难溶于水，也可用排水法收集。

4.2.3.2 保存方法

收集的气体样品保存在锥形玻璃瓶中。

4.2.3.3 测定方法

目前检测甲烷的有效方法有气相色谱法、激光雷达检测法、可调谐二极管激光吸收光谱法、气体滤波相关检测法等。气相色谱仪配置火焰离子化检测器测定大气中甲烷的含量是较为常用的方法。以N_2为载气测定甲烷时，在固定的色谱条件下，该方法的检出限为0.06 mg/m³。激光雷达检测法是用远红外激光照射处于大气中的微粒或分子，微粒或分子散射的光用光接收元件探测。根据甲烷分子所特有的信号光随时间的变化便能算出甲烷的浓度。

不同的甲烷测定方法有各自的优缺点，各有其最适合的应用场合，实际应用中，应视具体的应用目的选择相应的测量方法。随着检测分析技术的进步，未来的测定方法将是不同的技术联合使用，扬长避短，能应用于各种场合。

4.2.4 氮氧化物的测定

采用盐酸萘乙二胺分光光度法对氮氧化物进行测定。空气中的NO_2与串联的第一支吸收瓶中的吸收液反应生成粉红色偶氮染料。空气中的NO不与吸收液反应，而是通过酸性高锰酸钾溶液氧化管被氧化为NO_2后，与串联的第二支吸收瓶中的吸收液反应生成粉红色偶氮染料。在波长540 nm处分别测定第一支和第二支吸收瓶中样品的吸光度。

空气中臭氧浓度超过0.250 mg/m³时，可使NO_2的吸收液略显红色，对NO_2的测定产生负干扰，采样时在吸收瓶入口处接一段15～20 cm长的硅橡胶管，即可将臭氧浓度降低到不干扰NO_2测定的水平。此方法检出限为0.012 μg/mL。当吸收液体积为10 mL，采样体积为24 L时，空气中氮氧化物的检出限为0.015 mg/m³。

目前对N_2O气体的监测方法主要有静态箱法和微气象法，而以静态箱技术的使用最为广泛，两种技术均使用气相色谱测定N_2O含量及浓度。随着科学技术的进步及人们对N_2O气体的深入研究，各种更简捷先进的技术将会不断被用于N_2O气体的检测。

用气相色谱仪以^{63}Ni电子捕获检测器测定大气中N_2O的含量，该方法以95%高纯氩和5%甲烷的混合气为载气，N_2O用带十通阀反吹装置和^{63}Ni电子捕获检测器的HP5890 II气相色谱仪测定。在固定的色谱条件下，该方法的检测限为6 ng/mL。

4.3 海洋大气降水调查

4.3.1 海洋大气降水样品的采集和保存

4.3.1.1 采样设备

采集近海大气降雨（雪）样品，可用降水自动采样器或聚乙烯塑料小桶采集监测海区为上风向时降水过程的样品。当降水开始且风向位于采样扇形角度内，打开采样器（桶）上盖，进行采样。采样设备技术要求应符合《大气降水样品的采集与保存》（GB/T 13580.2—92）的规定。

4.3.1.2 采样设备清洗

采样器在第一次使用前需采用10%（体积分数）的盐酸浸泡24 h，然后用自来水冲洗至中性，再用去离子水冲洗数次。用离子色谱法检测使用过的去离子水，若结果与未使用的去离子水无氯离子浓度差异，则该采集器具可用于采集样品。

4.3.1.3 采样步骤

采样器（桶）放置的相对高度与大流量大气总悬浮颗粒物采样器采样平头的高度相同。每次降水（雪）开始，立即将备用的采样器（桶）放置在预先设置好的采样支架上，当认定风向符合要求后，打开盖子开始采样，并记录采样起始时间，随时观测风向变化，降水结束后盖好盖子，同时记录采样终止时间。若遇连续多日降雨，可收集每24 h降水样品作为一个样品进行测定。采集的样品放入清洁干燥的聚乙烯塑料瓶中，密封保存，在塑料瓶上贴上标签，记录编号、采样日期、降水起止时间及降水量。

4.3.1.4 样品预处理及保存

选用孔径为0.45 μm的有机微孔滤膜过滤样品。滤膜使用前要用去离子水浸泡24 h，并用去离子水洗涤多次（测定pH和电导率的降水样品，不需要过滤）。滤液装入干燥清洁的白色塑料瓶中，水样充满容器并密封，然后放入冰箱中4 ℃保存，保存时间不超过1 d（硫酸盐测项保存时间不超过1个月）。

4.3.2　电导率、pH的测定

4.3.2.1　电导率的测定

一般使用电导率仪测定大气降水的电导率，其测定原理是大气降水的电阻随温度和溶解离子浓度的增加而减少，电导是电阻的倒数。将电导电极（通常为铂电极或铂黑电极）插入溶液中，可测出两电极间的电阻（R）。根据欧姆定律，温度、压力一定时，电阻与电极的间距（L，cm）成正比，与电极截面积（A，cm^2）成反比。当已知电导池常数（Q），并测出样品的电阻（R）后，即可算出电导率。此法适用于近海大气降水中电导率的测定。

4.3.2.2　pH的测定

一般使用pH计测定大气降水的pH。pH计以玻璃电极为指示电极，饱和甘汞电极为参比电极，组成测量电池。在25 ℃下，溶液中每变化一个pH单位，电位差变化59.1 mV。在仪器上直接以pH的读数表示。温度变化引起的差异直接用仪器温度补偿调节。

4.3.3　含氧酸盐的测定

海洋大气降水中含氧酸盐的测定原理与海洋大气悬浮物微粒中甲基磺酸盐、亚硝酸盐、硝酸盐、硫酸盐、磷酸盐等含氧酸盐的测定原理相同。海洋大气降水中甲基磺酸盐、亚硝酸盐、硝酸盐、硫酸盐、磷酸盐浓度以mg/L表示，测定方法为离子色谱法，见4.1.4。

此法适用于近海大气降水中甲基磺酸盐、亚硝酸盐、硝酸盐、硫酸盐、磷酸盐的测定。

4.3.4　铵盐的测定

4.3.4.1　纳氏试剂分光度法

在碱性溶液中，NH_4^+与纳氏试剂反应生成黄色络合物，颜色深度与NH_4^+含量成正比。在强碱中Ca^{2+}、Mg^{2+}等会析出氢氧化物沉淀，干扰测定，可用少量酒石酸钾钠进行掩蔽。

测定步骤：取25 mL比色管6支，分别吸取氨标准使用液0.0 mL、0.4 mL、0.8 mL、1.6 mL、2.0 mL、2.4 mL于25 mL比色管中，加水至25 mL，摇匀。在各管中加入0.1 mL 0.5 g/mL的酒石酸钾钠溶液，摇匀，再加入0.5 mL纳氏试剂，摇匀，得到一系列标准溶液。将标准溶液放置10 min后，分别倒入光程为30 mm的比色皿中，于波长420 nm处，以水做参比，测量吸光度。以吸光度为纵坐标，氨含量为横坐标作图，绘制标准曲线。根据降水中氨的含量，吸取10 mL样品于25 mL比色管中，加水至25 mL，摇匀。按照测定标准溶液的步骤测定吸光度，从标准曲线上得出铵盐的含量。

4.3.4.2　次氯酸钠–水杨酸分光光度法

在碱性介质中，氨离子与次氯酸盐，水杨酸反应生成一种稳定的蓝色化合物，可于波长698 nm处测定吸光度。降水中共存离子对铵盐的测定没有干扰。此方法适用于近海大气降水中铵盐的测定。最低检出浓度为0.01 mg/L，测定范围为0.02～12 mg/L。

4.3.4.3　离子色谱法

离子色谱法测定铵盐是利用离子交换原理将铵盐与其他阳离子分离，采用抑制柱扣除淋洗液，扣除背景电导，然后利用电导检测器进行测定。根据标准溶液中铵盐出峰的保留时间及峰面积，对样品中的铵盐进行定量测定。

4.4　小　结

海洋大气总悬浮颗粒物的测定主要采用重量法，悬浮颗粒物中金属的测定使用原子吸收分光光度法，悬浮颗粒物中含氧酸盐浓度以及离子浓度的测定主要使用离子色谱法，海洋大气降水中的含氧酸盐浓度也使用离子色谱法进行测定。利用非色散红外检测仪测定悬浮颗粒物中的总碳。大气中的CO_2与CH_4，是主要的温室气体，是海洋大气调查的主要项目，大气中CO_2的测定方法较多，有非色散红外检测仪、气敏电极法、气相色谱法、滴定法、激光雷达检测法、总有机碳（TOC）分析仪测定法等，但是使用较多的是非色散红外检测仪。海洋大气中CH_4浓度的测定方法中使用较多的是气相色谱法，但是应用前景广阔的是激光雷达检测法。采用盐酸萘乙二胺分光光度法测定海洋大气中的氮氧化物是常用的方法，其中氧化亚氮通常利用静态箱技术进行检测。分别使用电导率仪和pH计测定海洋大气降水的电导率和pH。铵盐的测定方法中最常用的是纳氏试剂分光光度法。

思考题

1）海洋与大气是两个不同的圈层，海洋化学调查为什么要进行海洋大气化学调查？

2）查阅文献，讲述伍荣生院士对我国大气科学的主要贡献是什么？从他身上你学到了什么？

参考文献

白泽生. 基于红外传感器的CO_2气体检测电路设计［J］. 仪表技术与传感器，2007（3）：59-60.

陈超娥，区藏器，黄佐华. 国内大气悬浮颗粒物监测分析方法［J］. 机电工程技术，2007，36（3）：34-36.

陈连增. 中国海洋科学技术发展70年［N］. 海洋学报. 2019-07.

陈松劲，王真，张田新，等. 电极法测定血清总二氧化碳［J］. 化学传感器，2002，22（4）：58-60.

国家环境保护局，国家技术监督局. 大气降水pH值的测定电极法：GB 13580.4—92［S］. 北京：中国标准出版社，1992.

国家环境保护局，国家技术监督局. 大气降水电导率的测定方法：GB 13580.3—92［S］. 北京：中国标准出版社，1992.

国家环境保护局，国家技术监督局. 大气降水样品中的采集和保存：GB 13580.2—92［S］. 北京：中国标准出版社，1992.

国家环境保护局，国家技术监督局. 大气降水中铵盐的测定：GB 13580.11—92［S］. 北京：中国标准出版社，1992.

李志安，邹碧，曹裕松，等. 地面氧化亚氮排放静态箱测定技术［J］. 土壤与环境，2002，11（4）：413-416.

卢芳. 盐酸萘乙二胺分光光度法测定大气中氮氧化物含量方法的改进［J］. 青海环境，1999（4）：148-162.

侍茂崇. 海洋调查方法［M］. 北京：海洋出版社，2018.

双火. 测定甲烷气体的激光雷达［J］. 激光与光电子学进展，1999（10）：44.

宋金明，徐永福，胡维平，等. 中国近海与湖泊碳的生物地球化学［M］. 北京：海洋出版社，2008.

王庚辰. 大气中CO_2浓度的全球监测现状［J］. 地球科学进展，1994，9（4）：70-77.

夏毅，管国锋，董谊英. 气敏电极测定液相中CO_2浓度［J］. 南京化工大学学报，1998，20（3）：74-78.

中华人民共和国国家质量监督检验检疫总局，中国国家标准化管理委员会. 海洋监测规范　第1部分：总则：GB 17378.1—2007［S］. 北京：中国标准出版社，2007.

周军军，张乐，杨海连，等. 大气环境污染监测及环境保护措施［J］. 智能城市. 2021（9）：120-121.

5　海洋沉积质化学调查

① 了解海洋沉积质化学调查内容。

② 掌握海洋沉积质化学调查的基本方法和内在科学意义。

③ 了解海洋沉积质化学调查的目的和意义，增强环境保护意识和责任。

④ 学习海洋沉积质研究简史，看到差距，增强学生的使命感和担当。

5.1　海洋沉积质研究简史

1872—1876年，英国"挑战者"号考察揭开了海洋沉积质调查研究的序幕，特别是有关深海沉积质的研究，至今仍有重要意义。1899—1900年，荷兰船"西博加"号在沉积质的分布及组成等方面的调查也取得重要成果。第二次世界大战后，随着军事的需求和海底石油等矿产资源的勘探开发，海洋沉积质的研究获得长足进展。人们开始对特定海域和重大理论课题开展专题调查研究。20世纪40年代末期，F. P. 谢帕德和M. B. 克连诺娃的海洋地质学专著相继问世，这些专著系统地总结了当时对海洋沉积质的认识。20世纪50年代末至60年代初期，由于大规模的国际合作和新技术、新方法的运用，对海洋沉积质的研究提高到一个新水平，尤其是对海底沉积矿产、浊流沉积、现代碳酸盐沉积和陆架沉积模式进行的研究，取得了不少新认识。20世纪60年代末期开始实施的深海钻探计划，使海洋沉积质的研究进入新的阶段，特别是在深海沉积质的类型与分布以及成岩作用的研究方面获得了大量重要资料。20世纪70年代以来，海洋沉积质的研究更加深入全面，并派生出一些新的研究方向。如沉积动力学的研究已被很多国家所重视。沉积动力学主要是通过研究碎屑物质在不同水动力条件下的搬运过程，从而了解不同搬运过程下的碎屑物质对海底的沉积质的影响，以及对海洋底质的侵蚀机制。沉积动力学方面的研究需要现场观测。如果在海上使用沉积动力球，可同时测定含砂量、底层流速、流向等多种参数，使研究由静态向动态方向发展。

我国在20世纪50年代末开展了大规模的海洋调查，开启了我国海洋沉积质的研究。20世纪60年代以来，我国先后对渤海、黄海、东海、南海的沉积质类型、沉积质组成、沉积速率以及陆架沉积模式和沉积发育历史进行了深入的专题调查。此外，在海岸和海底沉积质的搬运及其动力过程的研究方面也有很大进展，同时还开展了深海远洋沉积质的调查研究。

海洋沉积质及其土力学性质的研究可为海底电缆和输油管道的铺设、石油钻井平台的设计和施工等海洋开发前期工程提供重要的科学依据。研究海底沉积质的形成环境，可为研究石油等海底沉积矿产的生成和储集条件提供重要资料。此外，有关现代三角洲和碳酸盐沉积相的研究，日益受到重视。海底沉积质是地质历史的良好记录，运用"将今论古"的原则对它加以研究，对认识海洋的形成和演变具有重要意义。

海洋沉积质调查有助于了解近海海域污染现状，追溯近海海域污染历史和来源，研究污染物的迁移、转化规律和污染物对水生生物特别是底栖生物的影响，评价海水水体质量，预测水质变化趋势及潜在污染危害。

全球海洋每年接收相邻陆地输入的剥蚀产物（包括悬浮物质和溶解物质）超过2×10^{10} t，这些陆源剥蚀产物主要通过河流、冰川、风和海流等搬运至海洋底部，成为海洋陆源沉积质。另外，大洋本身通过海洋生物和化学作用积累了各种生物软泥和各种自生矿物，还有来自地球外部的宇宙物质和地球内部的火山物质等。因此，海洋沉积质的来源有陆源物质、海洋源物质、火山物质和宇宙物质。

海洋沉积质调查包括海洋沉积质样品的采集、贮存、运输、预处理和分析，调查项目主要有硫化物、有机碳、总氮、总磷、氧化还原电位、重金属、油类及有毒有机物等。

5.2 海洋沉积质样品的采集和保存

对海洋底质的采样，总体上要求先测水深，再进行表层采样，之后进行柱状采样；样品采集应达到规定数量（站点和质量两方面），并尽量保持原始状态；采集的样品一般应及时按规范保存。

海底取样工具可分为表层取样器和柱状取样管两种。

5.2.1 表层采样

5.2.1.1 设备和工具准备

底质表层采样设备和工具包括底质表层采集器（蚌式、箱式、多管式、自返式无缆采集器或拖网）、接样盘或接样板（用硬木或聚乙烯板制成）、样品箱、样品瓶（125 mL或500 mL磨口广口瓶）、聚乙烯袋、塑料刀和塑料勺、烧杯（50 mL和100 mL）及其他用品和工具如记录表格、塑料标签卡、铅笔、记号笔、钢卷尺、橡皮筋、工作日记等。

5.2.1.2 采样方法

采集底质表层样品时，需要根据采样目的及采样点实际情况来选择采样工具。采样工具不同，采样方法也不相同。一般情况下多选用挖斗式（蚌式）采样器，采样时，将采样器固定到船上的钢丝绳上，从预先设置好的采样点下放至海底进行采样。远洋海底沉积质取样可适当选用自返式无缆采集器，预先设置好采样点位置、采样深度和采样时间等参数，发布采样指令，采集底质表层样品。对样品有特殊要求（如数量大、原状样等）的调查可选用箱式采样器，采样方法与挖斗式（蚌式）采样器采样相同。当底质为基岩、砾石或粗碎屑物质时，选用拖网，采样时，将拖网与船上的钢丝绳相连，下放到预设采样点进行采样。

5.2.1.3 采样要求

采取的样品应保证一定的数量，沉积质样品不得少于1 000 g，达不到此数量，该站点列为空样，调查区内空样站点数不得超过总站点数的10%。

5.2.1.4 采样操作

将绞车的钢丝绳与采泥器连接，可在采样的同时测采样点水深。缓慢启动绞车，将采泥器放入水中，待稳定后，将采泥器常速下放至离海底3~4 m处，此时将钢丝绳适当放长，再全速降至海底。一段时间后，缓慢提升采泥器至离海底后，快速提升至水面，再将速度减慢，当采泥器高于船舷时，将船停下并将采泥器轻轻降至接样板上。打开采泥器上部耳盖，轻轻倾斜采泥器，使上部积水缓慢流出。用取样铲取足量样品至样品瓶中，采集后的样品应尽快测定，否则将样品密封，密封后移至阴暗样品箱中，冷藏。

5.2.2 柱状采样

5.2.2.1 采样设备

底质柱状采样大致可分为重力取样管、重力活塞取样管、振动活塞取样管、液压活塞取样系统、箱式取样器等采样设备。尽管取样管众多，但是由于重力取样管具有小巧、灵活、便于在小船上操作的优点，依然是一种浅海区采取较短岩芯的强力采集工具。重力活塞取样管在结构上装置了一个活塞和一个解扣装置。

5.2.2.2 采样方法

采集底质柱状样品时，将取样管与船上的钢丝绳相连后下放，当取样管接近海底时，瞬间解扣，重锤在重力作用下自由下落，插入海底。同时取样管内活塞向上移动使样品进入管内。活塞的移动与管子插入海底的深度是同步的。抽取取样管时要使活塞卡住不再活动，以保证没有从旁侧吸入的沉积质造成假岩芯。活塞与塑料衬管之间的气密性也是保证取样的关键。

5.2.3 样品描述、登记、分装贮存及运输

（1）样品描述总体要求

样品从海底采至船甲板，应立即进行现场描述。样品现场描述项目和内容应简单明了并表格化，描述记录一律用特种铅笔书写。取样和处理样品时，应注意柱状样品的层次、结构和代表性，所有样品应认真登记、标记，不得混乱。

（2）样品描述内容

样品描述内容包括颜色（主导基调色在后，附加色在前）、气味（判断硫化氢气味）、厚度、稠度（流动、半流动、软、致密与略固结）与黏性（强黏性、弱黏性与无黏性）。

（3）样品分装顺序

样品到达甲板面后，先取样进行氧化还原电位、pH等现场实验室分析，再对需

要进行陆地实验室项目分析的样品进行分装。

（4）样品分装要求

样品瓶应用防水笔事先编号，装样后贴标签，将站点号及取样层次写在样品瓶上，以免标签脱落弄乱样品，并将样品瓶号及样品箱号记入现场描述记录表，在柱状样品的取样位置上放入标签，其编号与瓶（袋）号一致。

（5）样品贮存要求

根据沉积质测试项目确定样品转移和保存方法。采样时被采样品尽量不受扰动，转移时应使玻璃瓶装满样品，在装样过程中应将气体排出后，盖好瓶塞，将样品移至阴暗样品箱中。已取好的样品首先要密封，硫化物样品要冷藏，总磷、总氮样品要冷冻，其他常规项目分析所需样品室温保存即可。

（6）样品运输要求

样品箱应有一定的承载、抗压能力，并有相当的保温效果，能保证样品的完整性，同时可以在较长时间内保证箱内样品保存所需的低温环境。

5.3 硫化物的调查

5.3.1 碘量法

碘量法测定硫化物的原理是在酸性条件下，硫化物与过量的碘作用，余下的碘用硫代硫酸钠滴定，根据硫代硫酸钠溶液所消耗的量，间接求出硫化物的含量。

取适量沉积质样品，沉积质样品中的硫化物在盐酸酸性介质中可以产生硫化氢，硫化氢同水蒸气一起蒸出，被乙酸锌溶液吸收，生成硫化锌沉淀。将此沉淀转入碘量瓶，将沉淀搅碎并与盐酸反应，反应完毕，加50 mL水及10.00 mL碘标准溶液，密封并混匀。在碘量瓶内生成的硫化氢被碘氧化，过剩的碘用硫代硫酸钠标准溶液滴定，溶液呈淡黄色时，加入淀粉指示液，继续滴定至蓝色恰好消失，记录用量，同时做空白试验。此方法检测下限为0.4 mg/L。

5.3.2 亚甲基蓝分光光度法

沉积质样品中的硫化物经酸化生成硫化氢后，硫化氢被氢氧化钠吸收生成硫化钠，硫离子与N，N-二甲基对苯二胺、硫酸铁铵反应生成亚甲基蓝，于665 nm波长处测定吸光度。

5.3.3 元素分析仪法

元素分析仪可以用于测定样品中碳、氮、氢、硫等元素的含量，其测定原理是在大量氧的条件下，在三氧化钨催化剂的作用下，燃烧样品，样品经高温分解，释放出硫，硫被氧化为三氧化硫，三氧化硫在还原性铜以及过量的氧气作用下，被还原为二氧化硫，生成的二氧化硫进入色谱柱分离纯化，然后用热导检测器检测。元素分析仪具有精密度好、分析速度快、灵敏度高、取样量少、操作程序简便、自动化程度高等优点。使用元素分析仪测定的硫是沉积质样品中的总硫（TS），可以使用差减法算出硫化物的量。

5.3.4 吹气富集法–离子选择电极法

取约5 g新鲜底质，置于质量已知、容量为50 mL的烧杯中。准确加入35.0 mL抗氧化络合剂使用液，充分搅拌2 min，放阴凉处加盖，静止24 h。将上清液移入另一个烧杯中，用电极测其电位值。由工作曲线查得样品溶液中硫离子浓度。将原烧杯中残留的泥样倾入玻璃漏斗，用已知质量的定量滤纸过滤后，将滤渣连同滤纸包好放入原烧杯中，带回陆地实验室。在（105±5）℃温度下烘干，恒温3 h，取出后放在干燥器中冷却30 min，称重，计算干样重。

5.3.5 阴极溶出伏安法

称取约1 g沉积质湿样置于容量为100 mL的烧杯中，加入50 mL抗氧化配合溶液，借助转子搅拌器搅拌5 mL，静置片刻，把上清液转移入容量为100 mL的容量瓶中，在留下残渣的烧杯中加入20 mL抗氧化配合剂溶液，搅拌5 min后，连同沉淀一起转入上述容量为100 mL的容量瓶中，再用抗氧化配合剂溶液稀释至标线，摇匀。静置后，取容量瓶中的上清液1~5 mL于25 mL石英电解池中，同时加入20.0 mL抗氧化配合剂溶液，混匀并插入电极，通氮气搅拌除氧5 min后，在工作电极上施加-0.3 V电压，搅拌富集1~3 min，静置30 d后，以每秒50 mV的扫描速率从-0.3 V电压扫描到-1.30 V电压，同时用函数记录仪记录阴极溶出曲线，在-1.30 V电压处停止30 s。加入适量的硫离子标准溶液，重复上述操作。测定添加硫离子标准溶液前后两次记录的硫离子阴极溶出峰的峰高，根据标准加入法公式由添加标准硫离子前后溶出峰高、试样溶液的稀释倍率及所取得沉积质湿样的质量和含水率等计算原样品中硫离子含量。

5.4 有机碳的调查

5.4.1 高温燃烧法

高温燃烧法的测定原理是将沉积质样品酸化处理后进行曝气，除去各种碳酸盐分解产生的二氧化碳，再注入高温燃烧管中，经过高温燃烧，将沉积质中的有机碳氧化为二氧化碳，利用总有机碳分析仪测定二氧化碳含量。但是由于在曝气过程中会造成样品中挥发性有机物的损失而产生测定误差，因此其测定结果只是非挥发性有机碳含量。

5.4.2 重铬酸钾–还原滴定法

在浓硫酸介质中，加入一定量的标准重铬酸钾，在加热条件下将样品中有机碳氧化成二氧化碳。剩余的重铬酸钾用硫酸亚铁标准溶液回滴，按重铬酸钾的消耗量，计算样品中有机碳的含量。该法操作简便、快速，不要求特殊仪器及很熟练的操作技术，沉积质中碳酸盐不会对有机碳的测定产生干扰，适于大批量样品分析。但是只适用于分析沉积质中有机碳含量低于15%（质量分数）的样品。

5.4.3 过硫酸钾氧化法

测沉积质中的有机碳时，取适量沉积质样品于烧杯中，加1滴30%（体积分数）的无碳硫酸酸化，吹入氮气除去二氧化碳，再加入0.2 mL 50%的饱和硫代硫酸钾溶液，摇匀。将摇匀后的样品放入70 ℃电热恒温箱中消化24 h，然后再加热至105 ℃消化1 h，将有机碳完全氧化为二氧化碳。最后测定有机碳被氧化产生的二氧化碳，得出所含有机碳的量。过硫酸钾氧化法经改进可以连续测定无机碳和有机碳，操作简便，加入硫酸酸化后再测定沉积质样品中的有机碳含量，无需分离无机碳。因此，不存在可溶性有机物丢失的问题，但是仍有可能损失一些可挥发性的有机物。

5.4.4 重铬酸钾氧化法

准确称量一定量样品放入反应器中，加盐酸酸化，除去碳酸盐；然后加入重铬酸钾-硫酸溶液，有机碳被氧化产生二氧化碳，将二氧化碳赶出，用一定量的氢氧化钡溶液吸收，最后用标准盐酸溶液滴定，根据消耗的盐酸的量，求出有机碳含量。该方法的反应温度必须超过170 ℃，操作困难，且无法连续测定，实用性弱。

5.4.5 湿氧化法

在总有机碳分析仪中通入氮气进行吹扫，在加热的条件下，样品中的无机碳反应平衡被打破，使得其中的无机碳在酸性条件下全部转变为二氧化碳。二氧化碳最后被氮气流吹走。样品中的有机物通过仪器柱塞泵和隔离环继续向前进入反应腔中。向反应腔中加入氧化试剂过硫酸钠，随着温度继续升高，有机碳在过硫酸钠的氧化作用下转化成二氧化碳。待氧化的过程完成后，以氮气为载体，经过后续的净化和干燥处理，进入检测仪器以二氧化碳的形式进行分析测定。湿氧化法具有流程简单、重现性好、灵敏度高、稳定性好、不产生二次污染、能测量全部有机碳含量等优点。

5.4.6 非色散红外吸收法

非色散红外吸收法适用于地表水中总有机碳的测定，测定浓度范围为0.5～60 mg/L，测定下限为0.5 mg/L。可以用差减法测定，也可以直接测定。

（1）差减法测定总有机碳

将样品和净化后的空气（干燥并除去二氧化碳）分别导入高温燃烧管（900 ℃）和低温反应管（160 ℃）。进入高温燃烧管的样品经高温催化氧化，其中的有机化合物和无机碳酸盐均被转化为二氧化碳，进入低温反应管的样品被酸化，其中的无机碳酸盐被转化为二氧化碳。高温燃烧管和低温反应管中生成的二氧化碳分别进入非色散红外检测器。一定波长的红外线被二氧化碳选择性吸收，在一定浓度范围内二氧化碳对红外线的吸收强度与二氧化碳的浓度成正比。故可对水样中总碳和无机碳进行测定，总有机碳含量就等于总碳含量减去无机碳含量。

（2）直接测定总有机碳

将样品酸化后曝气，除去由无机碳酸盐转化的二氧化碳，再将酸化曝气后的水样注入高温燃烧管（900 ℃），有机碳经高温催化氧化为二氧化碳，二氧化碳进入非色散红外检测器检测，即可直接测定样品中总有机碳。

5.4.7 元素分析仪测定

样品在冷冻干燥后研磨至200目，1 g粉末原样先用2 mL 1 mol/L的盐酸溶液超声波处理3 h除去无机碳，其中2 mL的盐酸溶液分两次添加。干燥后取40～80 mg，用锡纸包裹置入元素分析仪中，采用碳氮模式分析表层沉积质中的总有机碳含量。

5.4.8 同位素比值质谱法

样品采用真空冷冻干燥后，取0.5 g过100目筛的研磨样品放入聚丙烯离心管中，加入5 mL 1.2 mol/L的盐酸溶液，待剧烈反应结束后，充分摇匀，于通风橱中静置，敞口反应8～12 h，其间于旋涡混合仪上混匀2～3次，2 000 r/min下离心5 min后倒出上清液，再加入5 mL高纯水对样品进行漩涡混匀并离心，去除上清液，充分操作3～4次，直至上清液接近中性。将上述酸化好的样品置于−50 ℃冻干机中冷冻干燥48 h，干燥后捣碎、研匀，用锡杯紧密包裹置于元素分析仪（型号：Flash EA 1112）中，炉温950 ℃，柱温50 ℃，氦气流量为300 mL/min，氧气注入流量为175 mL/min，通氧时间设置为3 s。样品在高温富氧条件下瞬间燃烧，所产生的CO_2、N_2O、NO_x等混合气体在高纯氦气的带动下，依次通过Cr_2O_3/Cu和Co_3O_4/Ag填料发生氧化还原反应，最终转换成CO_2和N_2，在载气的带动下，通过连续流接口进入同位素比值质谱仪。该法通过测定有机碳中的稳定碳同位素，可以为判断沉积质中有机碳来源提供参考。

5.5 总氮、总磷的调查

5.5.1 总氮的测定

5.5.1.1 碱性过硫酸钾氧化法

在温度为60 ℃以上的水溶液中，过硫酸钾被分解为硫酸氢钾和原子态氧，在温度为120～124 ℃条件下，分解出来的原子态氧使样品中的含氮化合物转化为硝酸盐。在一定波长下，使用紫外分光光度计测定消解后溶液的吸光度，可以计算出总氮的含量。其中氮的测定上限为4 mg/L，最低检出的浓度为0.050 mg/L。该法具有回收率较高、重复性较好、操作简便、费用低等优点，但操作步骤烦琐，实验耗时较长（通常

8 h以上），同时由于实验过程中转移步骤多、所用玻璃器皿多，不仅影响测定的精密度、准确性和回收率，难以适应船上现场大量样品的测定，且在实验过程中产生叠氮化物等剧毒物质，存在较大安全隐患。此外，该法对样品和试剂的使用量较多，造成了不必要的浪费。

该法还可测定地表水中的亚硝酸氮、硝酸盐氮、无机铵盐、溶解态氨以及大部分有机含氮化合物中的总氮。

5.5.1.2　元素分析仪法

用元素分析仪测定总氮含量的原理：在燃烧管中，高温燃烧所需要测定的样品，燃烧后得到SO_x等产物，再在氧化炉内经高温将填充剂去除，然后将定量抽取的混合气体（主要包括H_2O、CO_2和NO_x）通过高纯氦载气带动，在热铜的作用下将NO_x还原成为N_2；再用烧碱石棉去除CO_2，用高氯酸镁除去H_2O，最后通过热导池测出N_2的含量，最终计算出氮的含量。

该方法具有操作简单、快速、自动计算并处理结果、实验时间短、结果的准确度高等优点，但是实验仪器的维护费用高。

元素分析仪作为一种实验室常规仪器，可同时对有机的固体、高挥发性物质中碳、氢、氮、硫元素的含量进行定量分析，在研究有机材料及有机化合物的元素组成等方面具有重要作用。可广泛应用于化学和药物学产品，如精细化工产品、药物、肥料、石油化工产品中碳、氢、氧、氮元素的含量分析。

5.5.1.3　凯氏定氮法

凯氏定氮法是总氮分析的经典方法之一。早在1883年，凯道尔首次创立了此方法，目的是研究蛋白质的变化规律，后来经过不断的推广和改进，最终用来测定总氮的含量，时至今日还一直在沿用。本方法是在加速剂的参与下，将所需测定的样品用浓硫酸消解，在这个过程中各种不同的含氮有机物，经过很多复杂的高温分解反应之后，转化为氨，氨再与硫酸结合产生硫酸铵。使用硼酸吸收经消煮液碱化蒸馏出的氨，用标准酸溶液将其滴定至终点。根据所消耗的标准酸溶液的体积，计算出所测定样品中的总氮含量。

该方法的优点是操作相对比较简单、实验费用较低、结果准确；缺点是实验时间较长（至少需要2 h才能完成）、精度差、所用试剂有腐蚀性。该方法适用于测定含氮量较高的样品。

5.5.1.4　气相分子吸收光谱法

利用气相分析吸收光谱仪测定经消解的样品中的总氮，具有精密度高、实验过程简单、测定结果准确、样品保存时间长、所用试剂毒性低、样品前处理过程简单、分析时间短、检测效率高等优点。

5.5.2 总磷的测定

5.5.2.1 钼锑抗分光光度法

在沉积质样品中加入高氯酸和热的硫酸消化，将总磷全部转化成正磷酸盐。在酸性条件下，正磷酸盐与钼酸铵、酒石酸锑钾发生化学反应，生成的磷钼杂多酸被还原剂维生素C还原成蓝色络合物，通常称其为磷钼蓝。用30 mm比色皿，于700 nm波长处以零浓度溶液为参比，测定吸光度。

5.5.2.2 磷矾钼黄分光光度法

在不断搅拌的条件下，将500 mL 0.05 g/mL的钼酸铵溶液加入到500 mL 0.001 5 g/mL的偏钒酸铵溶液中，再加入45 mL硝酸，摇匀，得到钒钼酸铵混合显色剂。

准确称取0.25 g沉积质干样于聚四氟乙烯消解罐中，加数滴水润湿样品，加入8 mL浓硝酸，消解15 min，待反应平稳，泡沫基本消除后，旋紧盖子，放入微波消解仪中进行消解。消解完后，转移到25 mL比色管中，用水定容至刻度，摇匀，待测。取10.00 mL待测液于25 mL比色管中，加入5.0 mL钒钼酸铵混合显色剂，加水稀释至刻度，摇匀。10 min后，用1 cm比色皿在420 nm波长处测定吸光度。在标准曲线上查得磷酸盐浓度，计算样品中总磷的含量。

5.6 氧化还原电位调查

5.6.1 调查意义

氧化还原电位（Eh）是反映水溶液中所有物质表现出来的宏观的氧化-还原性。氧化还原电位越高，氧化性越强，电位越低，氧化性越弱。电位为正说明溶液显示出一定的氧化性，为负则说明溶液显示出还原性。近岸海域沉积质中无时无刻不在发生着各种各样的化学反应。近岸海域沉积质中氧化还原电位是多种氧化物质与还原物质发生氧化还原反应的综合结果，是反映近岸海域沉积质状况的综合指标。表层沉积质的氧化还原电位大小表征沉积质间隙水氧化性、还原性的相对程度，直接影响沉积质中元素的地球化学行为、自生矿物的形成与转化及成岩作用。因此，氧化还原电位的变化直接反映近岸沉积环境的改变。不同海域表层沉积质的氧化还原电位的影响因素也不相同。开展表层沉积质的氧化还原电位的研究为深入了解发生在该区域的表层地质过程提供了基础资料，对了解人类活动排放的污染物在水体−沉积质界面上的分配过程有重要的意义。

5.6.2　调查方法

表层沉积质的氧化还原电位必须在现场测定。用抓斗式采泥器采集沉积质样品到船上的甲板上，立即打开采泥器盖子，用便携式电位计立即测定其氧化还原电位。

5.7　重金属的调查

5.7.1　铜、铅、镉的测定

铜、铅、镉属于重金属微量元素，在开阔的大洋表层水中含量极低，以多种形态存在，因其具有生物可用性和毒性的双重性，成为海洋生物化学研究的关键元素之一。海水中铜元素的总浓度普遍为 8×10^{-9} mol/dm^3，铅元素的总浓度为 2×10^{-10} mol/dm^3，镉元素的总浓度为 1×10^{-9} mol/dm^3。海洋中铜、铅、镉元素的主要来源，一部分是大气或河流把陆地岩石风化的产物输入海洋；另一部分是海底火山喷发的热液输入海洋。而海水中微量元素的迁移和清除的途径有浮游生物吸收、有机颗粒物质的吸附和清除作用，以及水合氧化物和黏土矿物的吸附并随之沉降至海底成为沉积质的一部分，结合到铁锰结核上。铅元素的分布类型属于表层富集而深层耗尽型，首先是由供给源输送给表层水，而后迅速并永久地沉降至海底沉积质中。而镉元素的分布类型属于营养盐型，垂直分布。铜元素的分布类型属于中层深度有最小值型，是由表层输入，在海底或海底附近再生，或在整个水体中被清除而造成的。在海水中，铜的价态表现为一价和二价，常见的形态有溶解态、络合态和颗粒态。在氧化性的海洋水体中，铜主要以氧化态的二价铜存在，通常占总铜的90%～95%。在氧化性的海洋水体中，铜会吸附在颗粒物表面或与之沉淀，从而沉降到海底，Little等（2014）估计海洋中沉降到氧化性的沉积质中的铜通量为 4.9×10^{5} t/a。在还原性海洋水体中铜会与硫化物发生沉淀作用，从水体中去除。

5.7.1.1　X射线荧光光谱仪法

取适量的沉积质，然后用30%的过氧化氢去除有机物质，接着用3 mol/dm³的氯化氢去除碳酸盐，再用蒸馏水离心洗盐。取出经冷冻干燥、用200目筛子研磨过的沉积质样品，加入1 mol/dm³的氯化氢酸化，留置过夜去除无机碳。然后，用蒸馏水离心洗盐，之后在60 ℃条件下干燥。干燥完成之后磨细，用元素分析仪（型号：Vario EL Ⅲ）测定总的重金属含量。

5.7.1.2　原子吸收分光光度法

原子吸收分光光度法有无火焰原子吸收分光光度法、火焰原子吸收分光光度法、石墨炉原子吸收分光光度法，这些方法都可以测定沉积质中的铜、铅、镉。沉积质用硝酸-高氯酸消化后，在硝酸介质中，分别在波长324.8 nm、283.3 nm、228.8 nm处进行铜、铅、镉的原子吸收测定。

原子吸收分光光度法测定铜元素时，可将消解后的样品溶液直接吸喷到火焰中进行测定，用测定邻近非吸收线的方法，需要扣除测定含钴、镍等元素样品时的背景吸收。

铅和镉的测定：取20 mL的消解液于50 mL的容量瓶中，加入5 mL 2 mol/L的酒石酸溶液，用氨水调节pH到8～9，加入5 mL 2%（体积分数）的二乙氨基二硫代甲酸钠溶液，混合均匀，10 min之后用5 mL甲基异丁酮萃取，强烈振摇大约300次，分层后，加入适量水，使容量瓶中的液面达到瓶颈处，静置几小时后，水相完全下沉，吸喷上层有机相进行测定。

5.7.1.3　阳极溶出伏安法

测定方法见3.3.5.2.2（3）

5.7.1.4　电感耦合等离子体质谱法

测定方法见3.3.5.2.2（4）

5.7.1.5　电感耦合等离子体发射光谱法

测定方法见3.3.5.2.2（6）

5.7.2　铬的测定

沉积质样品经硝酸-高氯酸、氢氟酸-硝酸-高氯酸、硝酸-过氧化氢等消化后测定。测定方法同3.3.5.3。

5.7.3　锌的测定

沉积质样品经硝酸-高氯酸消化后，在213.8 nm波长处，用锌火焰原子吸收法测定吸光度。

5.7.4　汞的测定

5.7.4.1　冷原子荧光法

汞的测定方法有很多，目前最常用的是冷原子荧光法。此法具有极高的灵敏度和较少的基体干扰，与氢化物原子荧光法相比，冷原子荧光法避免了由于电加热石英原子化器的热激发造成的基态原子减少，去掉了火焰引起的噪声。同时也有效避免了砷、锑、铋等易挥发元素的干扰。

5.7.4.2　无火焰原子吸收分光光度法

无火焰原子吸收分光光度法测定汞的原理是样品经消解将汞化合物和有机汞化合物转变成可溶性的二价汞离子，然后通过还原剂的作用，在酸性介质中将二价汞离子还原为金属汞，用氩气作为载气，将汞蒸气吹入光吸收池进行检测。

5.7.5　砷的测定

5.7.5.1　氢化物发生-原子荧光光谱法

砷的测定方法主要为氢化物发生-原子荧光光谱法。这种测定砷的方法准确、灵敏、快速、简便，适用于海洋和河流沉积质中砷的测定。

5.7.5.2　砷钼酸-结晶紫外分光光度法

将海洋沉积质样品置于105 ℃烘箱中烘干，取0.050 0～0.500 0 g烘干后的样品放入150 mL的发生瓶中，用少量水润湿后，加10 mL硝酸、0.5 mL高氯酸，混匀。将混匀后的样品放在低温电热板上加热至溶解，取下冷却。在冷却后的样品溶液中再加入2 mL硫酸，继续加热蒸发到约1 mL，停止加热，取下发生瓶。待发生瓶内样品溶液冷却后，依次加入50 mL去离子水、5 mL 50%（体积分数）的硫酸溶液、5 mL 0.15 g/mL的碘化钾溶液、3 mL 0.4 g/mL的氯化亚锡溶液，放置15 min。将发生瓶与装有吸收液的吸收瓶相连，在发生瓶中加入4.0 g无砷锌粒，立即塞好塞子。40 min后，将发生瓶与吸收瓶拆开，将吸收瓶中的吸收液转移到25 mL的比色管中。在盛有吸收液的比色管中依次加入3.75 mL 18.4 mol/L的硫酸、0.2 mL 0.003 g/mL的高锰酸钾溶液，得到红色的吸收液。将红色的吸收液于室温下放置30 min后，加入一滴1%（体积分数）的过氧化氢溶液，使吸收液中的红色刚好消失。在红色消失后的比色管中分别加入4 mL 0.4%（质量分数）的钼酸铵和4 mL 0.5%（质量分数）的聚乙烯醇，摇匀，放置几分钟后，再加入4 mL 0.05%（质量分数）的结晶紫，混匀，放置40 min，于545 nm波长处测定吸光度。

5.7.5.3 催化极谱法

样品经硝酸-高氯酸消化，在硫酸介质中，用过氧化氢将五价砷还原成一价砷，加入硫酸钡用共沉淀法沉淀铅以排除铅的干扰。在碲-硫酸-碘化铵介质中，一价砷有比较灵敏的催化波，催化波强度随砷浓度的增加而增大，以此进行砷的定量测定。本法适用于海洋与陆地水系沉积质中砷的测定。

5.8 石油类的调查

5.8.1 提取方法

5.8.1.1 索氏提取法

将样品与适量无水硫酸钠混合，放入萃取套管或用滤纸包裹，选择合适的溶剂冷凝回流萃取一定时间。索氏提取法所用仪器价格较便宜，一次上样，提取效率高，但提取时间长（一般为16～24 h），所需提取溶剂体积大。

5.8.1.2 超声波萃取法

将样品与适量无水硫酸钠混合，用合适的溶剂使用超声波进行萃取。超声波提取法是美国国家环境保护局（EPA）推荐的石油中的多环芳烃（PAH）提取方法之一。该法提取速度快（一般重复提取3次，每次3～20 min），但所需溶剂使用量大，且需要多次实验调整超声波频率，以获取较好的萃取效率。但该法不适用于在超声波作用下容易降解的有机物的萃取，且萃取物种类比索氏提取法少。以往的实验数据表明，在相同样品和溶剂量的条件下，超声得到18种PAH，而索氏提取法最多检出31种，并且各组分峰强度要高于超声萃取法。

5.8.1.3 微波辅助萃取法

微波辅助萃取法提取石油烃的原理是物质对微波的吸收有选择性，使萃取体系里的某些成分被选择性加热，从而从基体或体系中分离出来，进入介电常数较小、微波吸收能力较差的萃取剂中。该法设备简单、适用范围广、萃取效率高、重现性好、节省时间和试剂污染小。但该法只对极性有机化合物有较好的萃取效果。

5.8.1.4 超临界流体萃取法

超临界流体萃取法通常使用纯CO_2作为流体，适用于可回收石油碳氢化合物和PAH类化合物。该法在萃取过程中没有溶剂废弃物，可自动化，萃取速度快，但只适用于上述两类物质，且仪器价格昂贵，对所测样品的颗粒大小有很多限制。

5.8.1.5 快速溶剂萃取法

快速溶剂萃取法是通过升高温度和压力，用溶剂将样品中的有机成分萃取出来，再用压缩氮气将萃取液吹扫收集于瓶中。该法是目前最新的全自动萃取方法，可全自动连续萃取24个样品，增大了样品处理量，提高了工作效率。该法回收率高、操作简单快捷、重复性好，能满足沉积质中痕量有机污染物的检测要求，但高温会加快易挥发有机物的挥发，影响实验结果，且仪器价格较昂贵。

综合国内外研究现状，超临界流体萃取技术是目前提取沉积质中石油烃最好的技术，但只有少数高级实验室具备此设备。因此，萃取效率高、速度快、自动化的快速溶剂萃取技术成为提取沉积质中石油烃的最优选择。

5.8.2 测定方法

5.8.2.1 荧光分光光度法

荧光分光光度法适用于沉积质中石油类的测定，检出限为2×10^{-6} g/g。其原理是沉积质风干样品中的油类经环己烷萃取，于310 nm激发波长下照射，在360 nm波长处测定相对荧光强度，其相对荧光强度与环己烷中芳烃的浓度成正比。该法的优点是检出限满足海水水质标准的要求，缺点是不能检测石油类中所占比例更大的烷烃、烯烃等，代表性不足。且芳烃在各种原油中所占的比例为6% ~ 30%，在各种废水污染源中所占比例差别更大，所以其芳烃荧光值反映的油浓度在不同油品间的可比性较差。

5.8.2.2 重量法

重量法适用于油污较重海域沉积质中的石油类含量测定。其原理是用正己烷萃取沉积质样品中的石油类，蒸发除去正己烷，称重，计算沉积质中石油类的含量。该法的优点是不需要标准油品即可直接测量，缺点是分析时间长，要耗费大量的溶剂，其检出限不适用于海水水质标准的要求。

5.8.2.3 紫外分光光度法

紫外分光光度法适用于近岸、河口的沉积质石油类含量的测定。沉积质用正己烷萃取，萃取液进行紫外分光光度测定，用统一提供的标准油品做参考标准，计算沉积质中石油类的含量。原本萃取剂是使用石油醚，但是石油醚的透光率要求达到90%，否则要进行脱芳处理，所以通常用透光率大于90%的正己烷代替。该法存在单一芳烃组分测定和单一波长选择性、代表性不足的问题，易受干扰，定性、定量的测定结果准确度较差。

5.8.2.4 红外分光光度法

红外分光光度法是利用石油中主要成分亚甲基、甲基、芳烃中的碳氢键分别在中红外区3.413 μm、3.378 μm、3.300 μm处存在伸缩振动的原理，检测在上述波长处的红外吸收，然后计算得出石油类浓度。优点是测定下限低于海水Ⅰ、Ⅱ类水质标准，满足海水环境质量评价的要求，可检测石油中80%～90%的组分，测定石油组分代表性强，误差小，适用范围广。

5.8.2.5 气相色谱法

油品进入色谱柱后，经过一定时间，各组分可有序地被分离出来，从而得到不同组分的保留时间及含量的气相色谱图。该法可用于鉴别轻度风化溢油，可区分各种型号的燃料油，不能分析润滑油。

5.8.2.6 高效液相色谱法

高效液相色谱法是分析半挥发性和难挥发性污染物的有效方法之一。石油中含有半挥发性及难挥发性的烃类、芳烃类、多环芳烃类化合物。利用高效液相色谱法测定石油烃，具有受风化影响小、分离效率高、检测灵敏度高的优点。此外，高效液相色谱法对重燃料油、润滑油具有很好的分析效果。

5.9 有毒有机物的调查

5.9.1 PAH的测定

PAH是指含两个或两个以上苯环的芳烃，即多环芳烃。它们主要有两种组合方式，一种是非稠环型，其中包括联苯、联多苯和多苯代脂肪烃；另一种是稠环型，即两个碳原子为两个苯环所共有。目前有16种PAH被美国国家环境保护局列入优先控制污染物名单：萘、苊烯、苊、芴、蒽、荧蒽、芘、菲苯并（a）蒽、䓛、苯并（b）荧蒽、苯并（k）荧蒽、苯并（a）芘、茚苯（1，2，3-cd）芘、二苯并（a，n）蒽、苯并（ghi）芘、菲。

5.9.1.1 样品采集与保存

按照《海洋监测规范 第3部分：样品采集、贮存与运输》（GB 17378.3—2007）的相关要求采集和保存沉积质样品。样品应保存于洁净的磨口棕色玻璃瓶中。运输过程中应于4 ℃以下密封、避光。若不能及时分析，应于4 ℃以下避光、密封保存，保存时间为10 d。

5.9.1.2 提取方法

（1）索氏提取

索氏提取是提取沉积质中PAH最经典的一种方法，具有回收率高，重复性较好的特点，经常作为评价其他方法的对照方法。但是其操作复杂、耗时长，且溶剂的使用量大。

（2）超声提取

超声提取的原理是利用超声波辐射产生的强烈空化效应、机械振动、搅动效应、乳化、扩散等多种作用，增大物质分子运动的频率，增加溶剂的穿透力，从而加快目标成分进入溶剂的速度，实现高效、快速地提取PAH。该法操作简单，耗时短，对PAH的回收率也较好，因此应用较多。

（3）微波萃取

微波萃取的原理是利用微波来加速溶剂对固体样品中待测组成的萃取过程。该法突出的优点是操作简单、快速、效率高、溶剂用量少。但是需要的仪器价格昂贵且不能用于萃取在微波下会分解的物质。

（4）超临界流体萃取

超临界流体萃取是一种新型萃取分离技术。它的原理是通过改变超临界流体的温度和压力，从而改变待分离组分在超临界流体中的溶解度，选择性地把极性不同、沸点不同和相对分子质量不同的成分萃取出来。超临界流体萃取所用的萃取剂被称为超级溶剂，该溶剂本身无毒无害，易控制、易挥发，能快速、轻易地渗透到样品中萃取待测组分，因而提取过程高效、快速，且可以与各种检测仪器联用，但是仪器价格昂贵。

（5）加速溶剂萃取

加速溶剂萃取的原理是通过升高温度和压力增加物质溶解度和扩散效率，以提高提取效率和提取速度。具有速度快、效率高、用量少的优点，但是仪器价格较高。

（6）净化浓缩

沉积质样品经过合适的方法（索氏提取、超声提取、微波萃取等）提取后，提取液中除了多环芳烃外，还有其他有机物需要净化除去。通常的净化方法有铜粉脱硫法、柱层析法、硅酸镁净化小柱法、凝胶渗透色谱法等。柱层析法是使用比较广泛的一种净化浓缩方法，常用硅胶、氟罗里硅土、氧化铝等作为净化剂，其中硅胶是最常用的一种净化剂。此外，市面上也有商品化的自动浓缩仪。

5.9.1.3 测定方法

（1）气相色谱法

1）方法原理。

气相色谱法是利用不同物质在流动相（气相）和固定相之间具有不同的分配系数进行分离，再进入电子捕获检测器（ECD）进行检测的方法。

2）测定步骤。

将冷冻干燥后的沉积质样品粉碎过筛后，索氏提取48 h加入铜粉脱硫，再利用柱层析法净化浓缩，用苯/正己烷洗脱多环芳烃，并浓缩至100 μL，用气相色谱测定多环芳烃。

3）优缺点。

气相色谱法是一种应用比较广泛且经典的分析方法。该法具有灵敏度高、操作简单、检测限低、分析速度快等优点，但是不能将多环芳烃中的同分异构体完全分离，只能测定总量。此外，该法难以分析相对分子质量大于300的难挥发性的多环芳烃，难以分析热稳定性差的化合物。

（2）气相色谱-质谱法

1）方法原理。

气相色谱-质谱法（GC-MS）是利用不同物质在流动相（气相）和固定相之间具有不同的分配系数进行分离，再进入质谱检测器进行检测的方法。

2）测定步骤。

首先，采用合适的萃取方法（索氏提取、加速溶剂萃取、超临界流体萃取等）提取多环芳烃；其次，根据样品基体干扰情况选择合适的净化方法（铜粉脱硫、柱层析法、凝胶渗透色谱法等）对提取液进行净化、浓缩；再次，将净化、浓缩后的提取液转移到样品瓶中，定容。定容后的溶液被吸入气相色谱-质谱系统进行分离、检测，得到PAH的色谱图和质谱图；最后，将样品检测所得的色谱图、质谱图与标准物质的色谱图、质谱图对比，通过比较保留时间、碎片离子质荷比及其丰度进行定性分析，用内标法进行定量分析。

3）优缺点。

气相色谱-质谱法解决了气相色谱法不能完全分离PAH同分异构体的问题，且具有样品容量小、检测限低、选择性好的优点，被广泛应用到PAH的检测中，但是相比气相色谱，仪器价格昂贵。

（3）高效液相色谱法

1）方法原理。

高效液相色谱法是利用不同物质在流动相（液体）和固定相之间具有不同的分配系数进行分离，再进入二极管阵列检测器（DAD）或荧光检测器（FLD）进行检测的方法。

2）测定步骤。

将样品进行真空冷冻干燥后挑出其中的石子和杂质，然后用研钵研磨。称取10 g冷冻干燥研磨后的样品倒入带有塞子的玻璃管中，加入20 mL异丙醇，摇匀，然后在30 ℃水浴中超声提取30 min，将上清液倒入50 mL的离心管中，再加入10 mL异丙醇重复进行一次提取，最后用离心管收集上清液并且将两次提取液混合在一起，摇匀。将提取液放入离心机，4 000 r/min条件下离心10 min，取出上清液倒入瓶中，于30 ℃条件下蒸发浓缩至1 mL，加入1 mL乙腈过亲水亲脂平衡小柱（HLB，6 mL，500 mg）净化。

亲水亲脂平衡小柱依次用二氯甲烷、甲醇和乙腈（用量皆为10 mL）进行活化。活化后装上上述提取浓缩后的样品，收集流出的液体。然后用5 mL乙腈洗脱。洗脱后把所有液体收集在玻璃试管内，在35 ℃条件下，氮吹浓缩至0.2 mL左右，移入1 mL定容管中，用乙腈定容到1 mL，通过孔径为0.2 μm滤膜过滤后，进行高效液相色谱分析。

3）优缺点。

高效液相色谱的原理与气相色谱类似，但是高效液相色谱法不受PAH挥发性和热稳定性的限制，具有更高的灵敏度和更好的选择性，可用于分析气相色谱不能分析的高沸点PAH，分析范围广。但是高效液相色谱法所用的检测器主要是荧光检测器（FLD）和二极管阵列检测器（DAD），荧光检测器需要待测物具有强荧光性，二极管阵列检测器需要待测物在紫外可见波段有强吸收，限制了高效液相色谱法的应用。

（4）酶联免疫吸附法

1）方法原理。

酶联免疫吸附法（ELISA）是一种特异性半定量检测方法。它采用抗原与抗体特异反应的原理将待测物与酶结合，然后通过酶与底物发生颜色反应，根据反应产物颜色的深浅与欲测的抗原（抗体）含量成正比，进行定性、定量分析的方法。

2）测定步骤。

将抗原（抗体）吸附在固相载体上，加入抗原（抗体）与酶结合成的偶联物（标记物），偶联物与固相载体上的抗原（抗体）反应后，再加入酶底物，发生酶催化的水解或者氧化还原反应，生成有色产物。用酶标仪测定产物。

3）优缺点。

与气相色谱、气相色谱-质谱、液相色谱、液相色谱-质谱法相比，酶联免疫吸附法具有特异性强、灵敏度高、快速、简便等优点，不需要复杂的样品前处理过程。

5.9.2 有机氯农药的测定

有机氯农药［其中滴滴涕（DDT）是广泛应用的一种］主要是指用于杀虫的有机化合物，在20世纪70年代被广泛应用。有机氯农药具有毒性大、难降解、易于在生物体内富集等特性，虽然全世界已经禁用这种农药，但其残留通过地表径流、淋溶、气相漂浮等方式最终在海洋沉积质中沉降和积累。因此有必要寻找合适的分析方法检测海洋沉积质中痕量的有机氯农药。通常来说，海洋沉积质中有机氯农药的检测包括3个步骤：萃取、净化和色谱分析。

5.9.2.1 萃取方法

（1）微波萃取技术

微波萃取技术（ME）是利用极性分子可迅速吸收微波能量的特性来加热一些极性溶剂，达到萃取样品中目标化合物与分离基质的目的。该法具有高效、安全、快速、试剂用量小和易于自动控制等优点。

（2）固相萃取技术

固相萃取（SPE）技术由液固萃取和液相色谱技术相结合发展而来的。该法主要用于样品的分离、纯化和富集。主要目的在于降低样品基质干扰，提高检测灵敏度。SPE基于液-固相色谱理论，采用选择性吸附、选择性洗脱的方式对样品进行富集、分离、净化，是一种包括液相和固相的物理萃取过程。较常用的固相萃取方法是使液体样品溶液通过吸附剂，保留其中被测物质，再选用适当强度的溶剂冲去杂质，然后用少量溶剂迅速洗脱被测物质，从而达到快速分离、净化和富集的目的。也可选择性吸附干扰杂质，而让被测物质流出，或同时吸附杂质和被测物质，再使用合适的溶剂选择性洗脱被测物质。

（3）索氏提取方法

索氏提取方法是利用溶剂回流和虹吸原理，使固体物质每一次都能被纯的溶剂所萃取，所以萃取效率较高。提取前应先将固体物质研磨细，以增加液体浸溶的面积。然后将固体物质放在滤纸套内，置于萃取室中。安装仪器，当溶剂加热至沸腾后，蒸汽通过导气管上升，被冷凝为液体，滴入提取器中。当液面超过虹吸管最高处时，即发生虹吸现象，溶液回流入烧瓶，因此可萃取出溶于溶剂的部分物质，利用溶剂回流和虹吸作用，使固体中的可溶物富集到烧瓶内。

（4）加速溶剂萃取

在低温低压下，溶剂易从"水封微孔"中被排斥出来，然而当温度升高时，由于水的溶解度的增加，这些微孔的可利用性提高，能极大地减弱由范德华力、氢键、溶质分子和样品基体活性位置的偶极吸引力所引起的溶质与基体之间的强的相互作用力。加速了溶质分子的解析动力学过程，减小解析过程所需的活化能，降低溶剂的黏度，因而减小溶剂进入样品基体的阻滞，增加了溶剂进入样品基体的扩散。有研究表明，温度从25 ℃增至150 ℃，其扩散系数增加2～10倍，降低溶剂和样品基体之间的表面张力，溶剂更好地浸润样品基体，有利于被萃取物与溶剂的接触。

（5）超声波辅助提取

超声波辅助提取是利用超声波的空化作用、机械效应和热效应等加速细胞内有效物质的释放、扩散和溶解，可显著提高提取效率的提取方法。当大能量的超声波作用于介质时，介质被撕裂成许多小空穴，这些小空穴瞬时闭合，并产生高达几千个大气压的瞬间压力，即空化现象。超声空化中微小气泡的爆裂会产生极大的压力，使植物细胞壁及整个生物体的破裂在瞬间完成，缩短了破碎时间，同时超声波产生的振动作用加强了细胞内物质的释放、扩散和溶解，从而显著提高提取效率。

5.9.2.2 测定方法

（1）气相色谱法

气相色谱法（GC）是农药（尤其是挥发性农药）残留检测的常用方法。对于易汽化，且汽化后不易发生分解的农药均可采用气相色谱法检测。目前，多达70%的有机氯农药残留可用气相色谱法检测。使用气相色谱法应注意色谱柱和检测器的选择。过去的色谱柱以填充柱为主，现在以毛细管柱为主，尤其是分析多类型或同一类型农药的残留，毛细管色谱柱是最有效的分离工具。农药残留分析中常用的检测器有氢火焰离子化检测器（FID）、电子捕获检测器（ECD）、氮磷检测器（NPD）、火焰光度检测器（FPD）。ECD是具有高选择性和高灵敏度的检测器，被广泛应用于有机氯农药和其他含电负性原子的农药残留检测。FPD目前广泛应用于含硫、磷农药残留的检测。NPD用于含氮、磷的有机化合物的检测。这几种检测器中，ECD的灵敏度最高。

（2）高效液相色谱法

高效液相色谱法（HPLC）是一种传统的农药检测方法。HPLC可以分离检测极性强、相对分子质量大以及离子型的农药，尤其可以检测气相色谱不能检测的高沸点或热不稳定的农药。近年来，采用高效色谱柱、高压泵和高灵敏度的检测器以及柱前或柱后衍生化技术，大大提高了液相色谱的检测效率、灵敏度、速度，现已成为农药残留检测不可缺少的重要方法。其缺点是溶剂消耗量大、检测器种类少、灵敏度不高、价格也贵。

（3）超临界流体色谱

超临界流体色谱（SFC）是以超临界流体为流动相的色谱分离检测技术。它弥补了GC和HPLC的不足。超临界流体具有气体和液体的双重性质，其黏度小、传质阻力小、扩散速度快，分离能力和速度可与GC相比。SFC可与GC和HPLC的大部分检测器相连，极大地拓宽了其应用范围。许多在GC和HPLC上需经过衍生化才能测定的农药，都可以用SFC直接测定。但其设备价格昂贵，在应用上受到了限制。

5.9.3 拟除虫菊酯农药的测定

拟除虫菊酯类、有机磷类、氨基甲酸酯类是并驾齐驱的三大农药，具有选择性强、用量低、防效高等特点，被广泛应用在农业生产及害虫方面的控制。然而随着高毒有机磷农药被禁用，拟除虫菊酯类农药便被作为有机磷农药的主要替代品。由于其使用量和使用频率逐渐加大，导致拟除虫菊酯农药成为污染水体和环境，以及威胁食品安全的重要因素。

拟除虫菊酯类农药是模拟天然除虫菊素由人工合成的一类杀虫剂，主要用于防治农业害虫。由于其杀虫谱广、杀菌效果好、残留低、无蓄积作用等优点，近30年应用日益普遍。除防治农业害虫外，在防治蔬菜、果树害虫等方面也取得较好的效果。此外，对蚊、蟑螂、头虱等害虫，亦有相当好的灭杀效果。但由于其使用面积大，应用范围广、数量大，接触人群多，所以中毒病例屡有发生。

拟除虫菊酯类杀虫药对昆虫的毒性比哺乳类动物高，有触杀和胃杀的作用，主要用于杀灭棉花、蔬菜、果树、茶叶等农作物上的害虫，是一种广谱高效的杀虫剂。本类农药多不溶于水或难溶于水，可溶于多种有机溶剂，对光热和酸稳定，pH大于8时易分解。可经消化道、呼吸道和皮肤黏膜进入人体，但因为它的脂溶性小，所以不容易经皮肤吸收，在胃肠道吸收也不完全。当毒物进入血液后，立即分布于全身，尤其是神经系统及肝肾等脏器浓度较高，但是浓度的高低不一定会通过中毒症状呈现出来。进入体内的毒物，在肝微粒体混合功能氧化酶和拟除虫菊酯酶的作用下，发生氧化和水解等反应，生成酸、醇的水溶性代谢产物及结合物而排出体外。

职业性拟除虫菊酯急性中毒常常系因经皮吸收和经呼吸道进入引起，主要表现为以下症状：

1）皮肤和黏膜刺激，多在接触后4~6 h出现流泪、眼痛、畏光、眼睑红肿、球结膜充血和水肿等，有的患者还可能出现呼吸道刺激症状。面部皮肤或其他暴露部位有明显瘙痒感，并有蚁走、烧灼或紧麻感，亦可有粟粒样丘疹或疱疹。

2）全身症状：伴有头晕、头痛、恶心、食欲缺乏、乏力等，并可能出现流涎、多汗、胸闷、精神萎靡等。较重者可出现呕吐、烦躁、视物模糊、四肢肌束颤动等症状，部分患者体温轻度升高，严重中毒者可因呼吸循环衰竭而死亡。

拟除虫菊酯类农药种类繁多，包括醚菊酯、苄氯菊酯、溴氰菊酯、氯氰菊酯、高效氯氰菊酯、顺式氯氰菊酯、杀灭菊酯、氰戊菊酯、戊酸氰醚酯、氟氰菊酯、氟菊酯、氟戊酸氰酯、百树菊酯、氟氯氰菊酯、呋喃菊酯、苄呋菊酯、右旋丙烯菊酯。

拟除虫菊酯类农药的检测方法主要是采用专业的仪器检测，其中主要有气相色谱法、高效液相色谱法、色谱质谱联用技术、毛细管电泳法。除了仪器检测法外，还可以采用免疫检测方法、分光光度法、传感检测法等。此外，在检测拟除虫菊酯类农药残留时，还需要进行样品的制备。样品制备的方法通常有液液萃取法、固相萃取法、固相微萃取法、微波辅助萃取法、超声辅助萃取法、超临界流体萃取法等。

5.9.3.1 前处理技术

农药残留分析的前处理包括提取与净化，样品前处理不仅要求尽可能完全提取到样品中的待测部分，还要尽可能除去与目标物同时存在的杂质，避免对色谱柱和检测器等的污染，减少对检测结果的干扰，提高检测的灵敏度和准确性。

（1）QuEChERS方法

QuEChERS方法由Anastasiades等首次提出，采用了固相萃取和液-液萃取综合的方式，首次使用无机盐（如无水硫酸钠）和有机溶液（乙腈）对样品进行均质提取。

（2）超临界流体萃取

超临界流体萃取是一种将超临界流体作为萃取剂，把一种成分（萃取物）从混合物（基质）中分离出来的技术。超临界流体萃取选取的流体一般是CO_2优先，萃取的成分较为环保，萃取得率的完整性较好。萃取过程一般不用有机溶剂，操作条件相对安全温和，因此对有限成分的损失较少，是目前发展最快的分析技术之一。但此方法设备价格比较贵，目前较难普及。

（3）固相萃取技术

固相萃取是利用固体吸附剂将液体样品中的目标化合物吸附，与样品的基体和干扰化合物分离，然后再用洗脱液洗脱或加热解吸附，达到分离和富集目标化合物的目的。作为样品前处理技术，固相萃取的样品预处理过程简单，操作便捷，在实验室中得到了越来越广泛的应用。已经实现了固相萃取与气相色谱-质谱（GC-MS）、高效液相色谱-质谱（HPLC-MS）、薄层色谱（TLC）、毛细管电泳（CE）等技术联用。

（4）微波辅助萃取

微波辅助萃取（MAE）是20世纪80年代后期问世的一项提取技术。与传统的萃取技术相比，微波辅助萃取最突出的优点在于溶剂用量少、快速、可同时处理多个样品、萃取效率高等优点。但在进行微波辅助萃取时，可能破坏到有些有机物的原有结构。

上面几种方法均具有快速、灵敏、操作简便等特点。超临界流体萃取方法虽具有高效、不易氧化、纯天然、无化学污染等特点，但设备价格比较贵，目前较难普及。

（5）液液萃取

液液萃取（LLE）是利用样品溶液中各组分在两种互不相溶（或微溶）的溶剂中的溶解度差异而实现目标组分分离的方法，多用于液体样品的提取。该方法历经多次的实验验证，已成为一种相对成熟的萃取方法，具有设备成本低、回收率高等优点。该方法一般需要经过多次萃取，提取过程中容易出现乳化现象，有机溶剂使用量较大。

（6）固相微萃取

固相微萃取（SPME）不是将目标物全部萃取出来，而是通过目标物在样品基质和纤维表面的涂层之间进行的分配平衡完成萃取。固相微萃取属于非溶剂萃取，具有环境友好、操作简便，以及可自动化、可在线联用等优点。目前可商品化的固相微萃取纤维较少，且价格昂贵，因此亟须研究制备新型萃取纤维。

（7）液相微萃取

同固相微萃取一样，液相微萃取（LPME）也是通过分配平衡完成萃取。利用目标分析物在微量萃取溶剂（微升级甚至纳升级）与样品基质之间的不同分配系数实现萃取、富集，集采样、萃取和富集于一体。LPME相比于LLE，具有操作简单、可自动化、可与仪器联用的优点，适合环境样品中痕量、超痕量污染物的测定。

（8）磁性固相微萃取

磁性固相微萃取（MSPE）是利用磁性纳米颗粒作萃取剂对目标物进行萃取。纳米颗粒比表面积大，扩散距离短，因此使用少量吸附剂就可在较短的平衡时间内实现低浓度目标物的微量萃取。MPSE是一种新型的固相萃取方法，它比传统的固相萃取具有更高的萃取能力以及萃取效率，且节省劳力、时间和成本，具有较高的应用前景。

（9）其他萃取方法

其他萃取方法有索氏提取法、加速溶剂萃取法，方法原理同5.9.2.1。

5.9.3.2 测定方法

随着我国农药的发展以及人们安全意识水平的普遍提高，对农药残留的检测方法要求日趋严格，在要求快速的同时，其灵敏度、重现性、高效也是评估检测方法的重要指标，以保证低浓度农药残留检测数据的准确性。目前，对拟除虫菊酯农药残留的检测方法主要有气相色谱法、气相色谱-质谱法、高效液相色谱法、酶联免疫吸附法、分光光度法等。

（1）气相色谱法

气相色谱法测定沉积质样品中的拟除虫菊酯农药的步骤如下：

将采集的沉积质样品置于玻璃器皿中，放入冰箱-20 ℃保存待分析。取出样品于冷冻干燥机中干燥后，研碎，过60目筛。准确称取3 g过筛后的样品，放入10 mL离心管中，在离心管中加入4 mL正己烷，置于超声波提取器中超声提取30 min，于3 600 r/min条件下离心11 min，小心移取上层有机相于10 mL离心管中。重复提取3次，合并3次提取的有机相。在层析柱内放入少许脱脂棉，依次加入2 g无水硫酸钠、3 g酸性氧化铝，敲实。用10 mL正己烷对层析柱进行预淋洗。然后将离心管中的有机相转移至层析柱中，并用3 mL正己烷洗涤离心管3次，将洗涤液并入层析柱中。用10 mL正己烷淋洗层析柱，收集淋洗液。淋洗液在50 ℃条件下旋转蒸发浓缩至近干，用正己烷定容至1 mL，利用气相色谱仪进行测定。

气相色谱条件：使用^{63}Ni电子捕获检测器（ECD），色谱柱为石英毛细管柱（HP-5柱，30 m × 0.32 mm），恒压，载气为99.999%高纯氮气，流量为1.5 mL/min，线速度为30 cm/s。升温程序：50 ℃保持2 min，以25 ℃/min的速度升温至200 ℃，保持2 min，再以40 ℃/min的速度升温至280 ℃，恒温5 min。汽化室和检测器温度分别设置为260 ℃和300 ℃。恒流无分流进样，进样量为1 μL。

（2）气相色谱-质谱法

气相色谱-质谱法测定沉积质样品中的拟除虫菊酯农药的步骤如下：

取10 g冷冻干燥筛分后的沉积质样品于玻璃离心管中，加入10 mL正己烷–丙酮混合溶液（体积比为1∶1），超声提取20 min，将离心管转移至离心机中，4 000 r/min条件下离心5 min，收集上清液。重复上述操作2次，合并两次收集的上清液。将合并后的上清液置于旋转蒸发器中旋转蒸发浓缩至1 mL，密封备用。用10 mL正己烷活化氟罗里硅土柱后，将浓缩液过柱净化。用10 mL正己烷淋洗，收集淋洗液。将淋洗液旋转蒸发浓缩后转移至进样瓶，氮吹至干，用正己烷定容至0.5 mL。待测。

气相色谱–质谱仪器条件：色谱柱为石英毛细管柱（HP-5柱，30 m × 0.25 mm），进样口和检测器的温度都为280 ℃。柱温箱首先在70 ℃保持1 min，然后以40 ℃/min的速度升温至150 ℃，保持3 min，继续以40 ℃/min的速度升温至230 ℃，保持3 min，最后以15 ℃/min的速度升温至280 ℃，保持1 min。离子源温度为230 ℃，质谱四级杆温度为150 ℃；离子化方式为电子轰击源，电子能量为70 eV；溶剂延迟9 min；扫描方式为选择性离子扫描。恒流无分流进样，采用外标法定量。

（3）高效液相色谱–质谱法

相比气相色谱法，高效液相色谱–质谱法不受样品挥发性的限制，流动相的选择范围广，固定相的种类繁多，因而可以分离不稳定和非挥发性的物质。随着对固定相种类的继续开发，有可能在充分保持升华物质活性的条件下完成其分离。

高效液相色谱–质谱法测定沉积质样品中的拟除虫菊酯农药的步骤如下：

沉积质样品的采集按照《海洋监测规范 第3部分样品采集、贮存与运输》（GB 17378.3—2007）中的样品采集、贮存与运输的要求进行。表层沉积质采用不锈钢材质抓斗式采样器采集。将采集的样品置于陶瓷盘中，混合均匀，装入预先处理过的2.5 L棕色广口瓶中。将样品阴干后，用玛瑙研钵磨细，过孔径为0.18 mm筛，保存于干净的磨口瓶中，密封备用。

分别称取5.0 g过筛后的沉积质样品、1.0 g氟罗里硅土，混匀后装入34 mL萃取池中进行萃取。萃取溶剂为正己烷–丙酮（体积比为1∶1）；萃取温度为60 ℃；系统压力为10.3 MPa；预加热时间为5 min，静态萃取时间为5 min，循环2次；冲洗体积为萃取池体积的60%。最后用氮气吹扫100 s，收集萃取液于250 mL收集瓶中。将萃取后的萃取液转入自动浓缩仪浓缩瓶中，氮吹浓缩至0.2~0.5 mL，加入约15 mL甲醇，继续氮吹浓缩至约0.2 mL，用甲醇定容至1.0 mL，过孔径为0.22 μm的滤膜，待上机测定。

液相色谱–质谱分析条件：C-18色谱柱（100 mm × 3.0 mm，1.8 μm），柱温为40 ℃；流动相A为甲醇，B为2.5 mmol/L的乙酸铵溶液；流动相流速为0.4 mL/min。流动相梯度洗脱程序：0~9.5 min，80%甲醇；9.5~12.0 min，80%~90%甲醇。整个分析流程用时15.5 min。进样量为5.0 μL。电喷雾电离源为正离子模式；干燥气（氮气）温度为350 ℃；干燥气流速为8.0 L/min；雾化气（氮气）压力为275.8 kPa；毛细管电压为4 kV。数据采集方式为多反应监测模式。

（4）酶联免疫吸附法

目前，拟除虫菊酯残留的检测主要应用仪器检测法，尽管这些方法灵敏度较高，但样品的前处理步骤较多，比较费时且检测费用较高，不适用大量样品的检测。酶联免疫吸附法具有特异性强、样品前处理简单等特点。该法检出限、准确度、精密度等指标均符合我国相关规定，具有实用性，有较好的使用前景。但目前关于酶联免疫吸附法用于拟除虫菊酯类药物检测的文献报道较少。

（5）分光光度法

分光光度法是基于物质对光的吸收特征和吸收强度，对物质进行定性和定量分析的方法。该法测定拟除虫菊酯农药，是以硫化钠的碱性乙醇溶液为显色剂而进行显色测定的。将配制好的显色剂加入样品提取液中，显色剂与提取液中的拟除虫菊酯类农药作用生成橙红色到红色的产物，在波长540 nm处测定产物的吸光度。利用产物的吸光度与拟除虫菊酯类农药含量成正比关系得出拟除虫菊酯类农药的浓度。

5.9.4　多氯联苯的测定

多氯联苯（PCB）又称氯化联苯，是人工合成有机物，是联苯苯环上的氢原子被氯所取代而形成的一类氯化物，生产和使用PCB而产生的多氯联苯废弃物，能被人体吸收，并在人体组织中富集，严重时危及人的生命健康。

由于海洋沉积质样品中PCB的含量属于痕量级，而沉积质组成复杂，有机质含量高，在提取沉积质中PCB时，沉积质中的其他有机质一同被提取，从而影响和干扰PCB的检测。因此，研究适宜沉积质样品中PCB提取和净化的处理方法，一直是环境监测学中亟待解决的问题。

提取海洋沉积质样品中多氯联苯的常用方法有超声提取、索氏法提取、加速溶剂萃取（见5.9.2.1）。海洋沉积质样品中的多氯联苯的测定是将沉积质样品冷冻干燥、研磨、过筛。用上述方法提取过筛后的样品，得到提取液。提取液经净化浓缩后，通过以下方法进行检测。

5.9.4.1　薄层色谱鉴定法

薄层色谱鉴定对多氯联苯和有机农药同时存在的样品有很好的测定效果，并且此方法操作简单，不需要特殊设备，便于推广。

5.9.4.2 多维气相色谱法

多氯联苯有数百种同类物，并且它们在环境中普遍存在，其中有的毒性很小，有的则很大。多氯联苯的测定要求是既要尽量精确地检测出痕量多氯联苯，又要能够把毒性大的组分单独检测出来，以满足海洋中多氯联苯的追踪及对其毒理学研究的要求。该方法是将提取、净化后的样品先经一维色谱柱分离，分离后的样品立即进入二维色谱柱分离。这种方法提高了检测灵敏度和对组分检测的选择性，避免了由于多氯联苯异构体极为相似，在一根柱上同时流出形成重叠峰或分离效果很差的缺点。该方法是检测复杂环境样品中痕量毒物的有效方法。

5.9.4.3 气相色谱–质谱法

气相色谱法对多组分混合物具有高效分离性能，质谱法具有优越的结构鉴定和灵敏、准确的定量性能，将两者结合起来，并用计算机控制操作条件，处理和解析获得的信息，使之成为复杂环境样品中微量和痕量组分强有力的定性、定量分析方法。

气相色谱–质谱法测定沉积质样品中多氯联苯的步骤如下：

样品自然风干后粉碎，过60目筛。称取6.00 g过筛后的样品，加入多氯联苯标准溶液，静置一段时间后，加入6.00 g硅藻土，混匀，放入34 mL萃取池进行萃取。萃取压力为10.3 MPa，温度为100 ℃，提取溶剂为正己烷–丙酮（体积比为1∶1），加热时间为5 min，静态萃取时间为5 min，冲洗体积为萃取池体积的60%，循环1次，氮气吹扫60 s。将萃取液转移到150 mL鸡心瓶中，于35 ℃水浴中旋转蒸发浓缩至1~2 mL，加入5 mL正己烷继续旋转蒸发浓缩至1~2 mL，重复2次，得到以正己烷为溶剂的浓缩液。利用固相萃取净化浓缩液。

固相萃取条件：上样前用5 mL正己烷预淋洗活性炭（Carb）柱，上样后用10 mL正己烷–二氯甲烷（体积比为1∶1）洗脱，洗脱液经氮吹浓缩至0.5 mL，用正己烷定容至1 mL。混匀后转移到样品瓶中，利用气相色谱–质谱法分析。

气相色谱条件：DB-1701石英毛细色谱柱（30 m×0.25 mm×0.25 μm）；气化室温度为290 ℃。升温程序：40 ℃（保留1 min），以30 ℃/min升温至130 ℃；再以5 ℃/min升温至290 ℃（保留5 min）；载气为高纯氦气（99.999%）；柱流速为1.5 mL/min；进样量为1 μL；不分流进样。

质谱条件：电子轰击离子源；电子能量为70 eV；传输线温度为290 ℃；离子源温度为280 ℃；四极杆温度为150 ℃；溶剂延迟5.5 min；定量分析采用多离子反应监测模式。

5.10 小 结

海洋沉积质调查目的是了解近海海域污染现状，追溯近海海域污染历史，研究沉积污染物的沉积、迁移、转化规律，评估沉积污染物对水生生物特别是底栖生物的影响。海洋沉积质调查对评价海水质量，预测海水质量变化趋势和沉积污染物对水体的潜在危险提供依据。海洋沉积质中硫化物的测定主要用碘量法，总氮的测定主要用凯氏滴定法，总磷的测定用分光光度法，有机碳的测定用重铬酸钾氧化-还原滴定法，重金属、石油类的测定与3.3.5、3.3.6中重金属、石油类的调查方法相同。有毒有机污染物的测定主要用气相色谱法。

思考题

1）请谈谈海洋中污染物从海水到生物体到沉积质中的迁移转化过程的利与弊。

2）请举例说明海洋沉积质中主要污染物的来源，你能想出减少污染物来源的办法吗？并说说你的想法。

参考文献

陈国珍.海水分析化学［M］.北京：科学出版社，1965.

陈洪玉，迟彩霞，赵大伟.拟除虫菊酯类农药对环境的危害及治理政策［J］.黑龙江科技信息，2017（2）：67.

陈天文.固相萃取-高效液相色谱法（SPE-HPLC）测定环境水体中拟除虫菊酯农药残留［J］.福建分析测试，2007，16（2）：16-18.

陈伟琪.鉴别海面溢油的正构烷烃气相色谱指纹法［J］.厦门大学学报，2002（3）：80-82.

程思海，陈道华.海洋沉积物中碳酸盐测定方法的研究［J］.分析实验室，2010，29（5）：424-426.

丁立平，魏云昊，李华.气相色谱法快速测定叶类蔬菜中拟除虫菊酯类农药残留［J］.世界农药，2010（4）：32-35.

豆志培.浅谈高效液相色谱在农药残留检测中的应用［J］.农家参谋（种业大

观），2012（9）：31.

冯秀琼，汤庆勇.中草药中14种有机磷农药残留量同时测定——微波辅助提取法［J］.农药学报，2001，3（3）：45-52.

傅云娜.吹气预富集-离子选择电极法测定海洋沉积物中的硫化物［J］.海洋环境科学.1990，9：75.

古丽.渤、黄、东海沉积物中硫化物的研究［D］.青岛：中国海洋大学，2011.

国家海洋局908专项办公室.海洋化学调查技术规程［Z］.北京：海洋出版社，2006.

韩舞鹰.海水化学要素调查手册［M］.北京：海洋出版社，1986：110-111.

韩云轩.拟除虫菊酯结构修饰的发展过程［J］.世界农药，2020，42（1）：8-15.

何小青，李攻科，熊国华，等.微波碱解法消除土壤样品多氯联苯测定中有机氯农药的干扰［J］.分析化学，2000，28（1）：26.30.

江伟，李心清，蒋倩，等.凯氏蒸馏法和元素分析仪法测定沉积物中全氮含量的异同及其意义［J］.地球化学，2006，35（3）：319-324.

蒋敏谢，孟峡，谢芳.沉积物中有机成分的分析方法研究［J］.北京师范大学学报（自然科学版）.2002，38（3）：370-376.

井德刚，赵桂军.煤中元素分析经典法与元素分析仪法的优缺点探析［M］.煤制技术，2016：35-37.

赖文，罗亚，李长珍，等.农产品中拟除虫菊酯类农药残留检测技术研究进展［J］.四川农业科技，2012（12）：34-36.

李攻科，何小青，杨云，等.生物样品中多氯联苯的微波皂化萃取气相色谱法测定［J］.分析测试学报，2001，20（1）：1-3.

李亮歌，许金数.海洋沉积物中有机碳几个主要测定方法的比较［J］.热带海洋，1987（1）：46-51.

李先国，虢新运，周晓.海洋环境中多环芳烃的测定与来源分析［J］.中国海洋大学学报，2008，38（3）：473-478.

李映梅，熊彩云，白铭松，等.GC-ECD法测定茨菇中15种有机氯类农药和拟除虫菊酯类农药的残留量［J］.安徽农业科学，2019，47（20）：213-216.

李宗品.离子选择电极法测定海洋底质中硫化物［J］.海洋环境科学.1983，9：76.

林春晓，徐小作，李红华，等.蔬菜中拟除虫菊酯类农药残留测定前处理方法研究［J］.中国卫生检验杂志，2010，20（7）：1609-1610.

刘文亮，丘浚，胡晋华.火焰原子吸收分光光度法测定沉积物中多种金属元素的探讨［J］.广东化工，2021，48（10）：202-203.

刘艳，张经华，林金明.多环芳烃检测技术研究进展［C］.中国环境科学学会学术年会论文集，2010.

刘忠.茶叶中多种拟除虫菊酯农药残留的测定［J］.中国卫生检测杂志，2001，11（6）：6.

罗钦，罗土炎，潘葳，等.电感耦合等离子体质谱法测定海洋沉积物中铅、镉、铬、铜、锌、镍含量的检测方法：CN110320264A［P］.2019-10-11.

马小惠，张杰，鲁英.环境样品中多环芳烃分析预处理的研究进展［J］.中国民族民间医药，2015，24（9）：24-25.

毛小华.海洋水体和海洋沉积物中多环芳烃的高效液相色谱分析方法研究［D］.大连：大连海事大学，2004.

穆三妞，赖子尼.珠江八大口门表层沉积物中拟除虫菊酯、有机氯等农药的残留状况［C］//中国水产学会渔业资源与环境分会2011年学术交流会会议论文（摘要）集：2011.

漆新华，庄源益.超临界流体技术在环境科学中的应用［M］.北京：科学出版社，2005.

生态环境部.水质 总氮的测定 碱性过硫酸钾消解紫外分光光度法：HJ 636—2012［S］.北京：中国标准出版社，2012.

侍茂崇.海洋调查方法［M］.北京：海洋出版社，2018.

唐宇梅，曾运婷.拟除虫菊酯：毒性和健康风险［J］.中国科技信息，2019，599（Z1）：111-112.

王兵，高丰蕾，杨佩华，等.自动电位滴定仪应用于测定海洋沉积物中有机碳的可行性研究［J］.岩矿测试，2016，35（4）：402-408.

王广，李金昶，赵晓亮，等.自动电位滴定仪测土壤中的有机质［J］.东北师大学报（自然科学版），1994（1）：141-142.

王宁伟，柳天舒，朱金连，等.氢化物发生-原子吸收光谱法测定磷矿石中砷［J］.冶金分析，2008（4）：68-69.

王越.QuEChERS方法在茶叶农残检测中的应用［J］.农业与技术，2017，37（11）：18，20.

吴国琳.阴极溶出法测定海洋沉积物中硫化物 [J].海洋环境科学.1994，2：65-66.

吴景阳，李云飞，张湘君.海洋沉积物中铁、锰、锌、铬、钴、铅和铜的原子吸收测定 [J].海洋学报（中文版），1982（1）：43-49.

吴莹，张经.多环芳烃在渤海海峡柱状沉积物中的分布 [J].环境科学，2001，22（3）：74-77.

夏炳训，宋晓丽，丁琳，等.微波消解-磷矾钼黄分光度法测定海洋沉积物中总磷 [J].岩矿测试，2011，30（5）：555-559.

熊雅婷，邢维维，白莲英，等.蔬菜中拟除虫菊酯残留ELISA快速检测试剂盒的研制 [J].食品安全导刊，2017（31）：34-39.

徐超，王芮炯，王丽娜，等.杭州市内主要河流沉积物中拟除虫菊酯的残留特征及风险 [J].浙江工业大学学报，2023，51（2）：230-236.

徐恒振，周传光，王艳洁，等.海洋沉积物中多氯联苯的微波萃取研究 [J].中国科技论文在线，2008. http://www.paper.edu.cn.

杨立荣，陈安良，冯俊涛，等.小白菜中残留高效氯氰菊酯及氟氯氰菊酯的超临界流体萃取条件的研究 [J].农业环境科学学报，2005，24（3）：616-619.

杨琳，温裕云，弓振斌.加速溶剂萃取-液相色谱-串级质谱法测定近岸及河口沉积物中的拟除虫菊酯农药 [J].分析化学，2010，38（7）：968-972.

喻涛，李春园.盐酸、温度、时间及粒径对海洋沉积物碳酸盐去除的影响 [J].热带海洋学报，2006，25（6）：33-38.

张俊海.海洋沉积物中多环芳烃质量基准研究 [D].大连：大连海事大学，2008.

张俊增，王秀凤，王兆文.气相色谱法测定黄河底泥中多氯联苯及有机氯农药 [J].上海环境科学，2001，20（6）：3.

张正斌.海洋化学 [M].青岛：中国海洋大学出版社，2004：164-170.

赵宏樵.砷钼杂多酸-结晶紫光度法测定海洋沉积物中的痕量砷 [J].东海海洋，1988，8（4）：80-84.

郑立东，郑爱榕.碱性过硫酸钾氧化法测定海水总氮方法的改进 [J].海洋环境科学，2009，28（6）：734-738.

中国林业科学研究院林业研究所.林业行业标准：LY/T 1237—1999 [S].北京：中国标准出版社，1988.

中华人民共和国国家质量监督检验检疫总局，中国国家标准化管理委员会.海洋

监测规范　第5部分：沉积物分析：GB 17378.5—2007［S］.北京：中国标准出版社，2007.

周琴，郑华荣，张存站，等.环境样品中多环芳烃的检测技术研究进展［J］.广州化工，2018，46（24）：23-27.

卓丽飞，方添坤，杨东晓，等.碱性过硫酸钾氧化法和元素分析仪法对比研究［J］.广州化工，2016，44（20）：105-107.

Anastassiades M，Scherbaum E，Bertsch D. Validation of a simple and rapid multiresidue method（QuEChERS）and its implementation in routine pesticide analysis［C］. MGPR Symposium，Aix en Provence，France，2003：1-7.

Arthur C L，Pawliszyn J. Solid phase microextraction with thermal desorption using fused silica opticalfibers［J］. Analytical Chemistry，1990，62（19）：2145-2148.

Nieves Carro，Isabel Garcia，Maria Ignacio，Ana Mouteira. Microwave-assisted solvent extraction and gas chromatography ion trap mass spectrometry procedure for the determination of persistent organochlorine pesticides（POPs）in marine sediment［J］. Analytical and Bioanalytical Chemistry，2006，385（5）：901-909.

Castillo M，Carbonell E，González C，et al. Pesticide residue analysis in animal origin food：procedure proposal and evaluation for lipophilic pesticides［M］. Intech Open，2012.

Keller J M，Swarthout R F，Carlson B K R，et al. Comparison of five extraction methods for measuring PCBs，PBDEs，organochlorine pesticides，and lipid content in serum［J］. Analytical and Bioanalytical Chemistry，2009，393（2）：747-760.

Mcilvin M R，Altabet M A. Chemical conversion of nitrate and nitrite to nitrous oxide for nitrogen and oxygen isotopic an alysis in freshwater and seawater［J］. Analytical Chemistry，2005，77（17）：5589-5595.

Naude Y，Debeer W H J，Jooste S，et al. Comparison of supercritical fluid extraction and soxhlet extraction for determination of DDT，DDD and DDE in sediments［J］. Water SA，1998，24（3）：205-214.

Shen C Y，Cao X W，Shen W J，et al. Determination of 17 pyrethroid residues in troublesome matrices by gas chromatography/mass spectrometry with negative chemical ionization［J］. Talanta，2011，84（1）：141-147.

Vagi M C，Petsas A S，Kostopoulou MN，et al. Determination of organochlorine pesticides in marine sediments samples using ultrasonic solvent extraction followed by GC/ ECD [J]. Desalination, 2007, 210 (1–3): 146–156.

Yusa V, Pastor A, Guardia M D L. Microwave-assisted extraction of OCPs, PCBs and PAHs concentrated by semi-permeable membrane devices (SPMDs) [J]. Analytiea Chimica Acta, 2005, 540 (2): 355–366.

6　海洋调查规划与数据分析

① 了解站点设置的基本原则。

② 了解多学科交叉调查的重要意义。

海洋是人类赖以生存的基本环境。因其蕴藏着丰富的生物资源、矿产资源以及战略资源等，对海洋的认识、开发和利用已越来越受到国内外的重视。国内外相继建立了各自的海洋数据中心，提供了不同类别的海洋实时数据、海洋分析预报产品、数值模式产品等数据资料。海洋是国土空间中重要而独特的区域，海洋空间具有流动性和立体性的特点，动态变化强，且相较于陆域而言，海域边界不明确，区域异质性不显著。因此，海洋的空间规划分区和用途分类在空间尺度、类型、管控要求等方面与陆域有较大差异。因此，对海洋调查有完善的规划和合理的数据分析，是我们了解海洋、开发和利用海洋的重要途径。

6.1　海洋调查与合理规划

海洋调查不是对海洋的某一局部或某一方面的调查，而是立足于全球范围内整个海洋的调查。随着海洋调查技术的发展，海洋调查在自然资源的开发和利用、海洋环境保护方面意义重大。海洋强国是国家新时期的重大战略，海洋调查为海洋开发保护及科学研究提供最基本和必需的数据资料，是一项长期的基础性工作。合理的海洋调查规划与数据分析有助于科学地、规范地、有序地开展海洋调查工作。海洋调查成功与否，取决于是否有成熟、周密的调查方案和有经验的调查组织者。正确处理调查获得的大量数据信息，是海洋调查关键工作的。海洋调查需要研究海洋观测系统的结构和组成，不仅要提供具有一定精度的现场海况数据，而且还应该使这些数据所包含的海洋学信息能够尽量地被提取利用。也就是说，海洋调查工作除了要确保观测数据的准确度和精确度，还必须考虑数据在时间、空间上的分布，这就要求规划出合理的施测方式，但是我国在海洋空间规划上仍有许多不足。

6.1.1 我国海洋空间规划的不足

（1）规划体系分工尚不完善

根据《海洋功能区划技术导则》，省级海洋功能区划与市县级海洋功能区划，均要求按自然属性确定出每个区域的所有功能类型，并细化至二级功能区，但是市县级仅要求在省级划定的二级类基础上明确具体功能区名称。这导致省级海洋功能区划不够完善，而市县级规划的针对性不强。

（2）海洋空间资源调查不充分

既有的海洋空间调查对海洋生物生境资源调查普遍不充分。如鱼类"三场一通道"（产卵场、索饵场、越冬场、洄游通道）调查是制定渔业规划的基础，也是海洋生态环境保护应关注的重点内容。而我国缺乏此类资源调查的基础数据，即便是专门的渔业资源调查，在精度上与国外规划相比仍显粗略。

（3）陆海统筹的路径不清晰

陆海统筹是我国海洋强国战略中的重要举措，但目前更多的只是停留在战略层面，缺乏具体政策与行动路径。从发达国家的实践来看，陆海统筹应具有切实的对象、政策与行动，如夏威夷海洋空间规划明确提出从流域管理、滨海区域开发管理与灾害防治3个方面统筹陆海空间，并整合不同部门的政策与行动。

6.1.2 我国海洋空间规划优化途径

（1）优化海洋空间规划体系

我国现行的"国家—省—市（县）"3个层级的海洋空间规划应当明确承担不同使命与目标。特别是省级与市（县）级规划应进一步明确分工，省级突出空间用途引导，市县级突出空间用途管控。在规划范围上，市县级更加突出对近海区域（如海岸带区域）的管控。坚持以海定需、量海而行、因地制宜的原则。通过合理划区和制定相关的用途管制要求引导用海项目向已围填成陆区域布局，并对围填海的规模、功能和时序提出最严格的管制措施。结合海岛的功能定位，对海岛及周边海域统筹划区并制定详细的管理要求，以尽量降低用海活动对海岛自然属性的影响程度。通过合理划分海洋功能区来引导和约束相关海洋产业的发展，优化港口产业布局，以进一步挖掘海洋经济潜能，提高海洋资源集约、节约利用度。

（2）开展详尽的海洋资源调查

详尽的海洋资源调查是编制海洋空间规划的必要基础，没有详尽调查的规划可谓"无源之水、无本之木"。海洋资源调查应包含以下几个方面：① 空间资源，涵盖海岸线、潮间带、浅海、深海以及海岛等各类海洋空间；② 生物资源，包括物种、生态系统及遗传3个层次，其中生物多样性资源与渔业资源最为重要；③ 矿产能源资源，包括石油、天然气、固体矿产等，以及风能、潮流能、潮汐能等能源资源；④ 旅游资源，包括黄金海滩、秀丽海岛、历史遗迹以及海洋文化资源等方面。

（3）确定陆海边界线，强化海洋空间管理

海洋空间边界极不显著的特征为之前的海洋空间治理带来了困难。为了统筹陆海规划边界，自然资源部已经明确采用海岸线作为陆海分界线，定义为平均大潮高潮线。当前存在的另一个问题是河口区域的海域边界尚不明确。河口处是水-水交界，并无陆海交接。在实际工作中存在用高潮位确定河-海边界的问题，致使划定海域范围大幅深入河口，不仅与事实地理环境严重不符，更造成水利部门与海洋部门管理重叠，仍须确定这一边界的定界标准。

6.2 海洋调查与数据分析

数据分析工作是进行决策和做出工作决定之前的重要环节，数据分析工作的质量高低直接决定着调查的成败和结果的好坏。数据分析应用于科学研究各个领域。现代海洋科学研究越来越依赖于系统的、高可信度的基本观测数据。准确、可靠的海洋观测数据是建设高质量海洋科学数据库、进行多学科交叉研究的重要基础，以下介绍两个多学科交叉研究对海洋调查数据分析的例子。

6.2.1 大洋海底数据可视化

数据可视化一般通过分析数据结构和格式，以图形和声音的形式展现出来，将存储介质中的数据，如图表、图像等信息以可视化的形式展现出来，可以是静态显示，也可以是动态实时显示。当分析复杂的数据信息时，需要多种数据的立体显示和综合分析，通过可视化将复杂的数据以更为直观的彩色图形来理解和揭示数据暗含的科学意义。

图片最大的优势就是直观、高效、精确。例如，利用Matlab中的图形用户界面设计工具guide，灵活设计了OceanVis1.0图形用户界面，对不同的海底大洋数据，通过Matlab编写读取程序，分别设计了绘图功能模块，能够实现数据的可视化。具体系统设计流程：对下载的全球海底大洋数据进行分类和整理，分别设计图形用户界面，依数据的结构类型，分别编写读写和绘图程序，最后对各模块成图进行测试，然后调整绘图参数和彩色色板设置，对全球大洋海底数据进行可视化成图。

6.2.2 海洋卫星数据应用

我国海洋卫星包括海洋水色卫星星座、海洋动力卫星星座和海洋监视监测卫星等3个系列。我国海洋水色、海洋动力环境卫星数据由国家卫星海洋中心负责接收和处理；海洋监视监测卫星数据由中国资源卫星中心、中国科学院相关研究所负责。海洋卫星数据处理主要由国家卫星海洋应用中心负责，中国科学院主要作为有效载荷研制负责单位，参与部分数据产品处理算法研究和软件研制工作。海洋卫星数据产品的开发也由国家卫星海洋应用中心负责，并负责数据分发。目前国内已经初步形成多样的海洋卫星数据产品，并由国家卫星海洋应用中心统一分发。我国已初步形成稳定、可靠的海洋卫星数据服务体系。

如今的世界，高新技术不断创新，人类对海洋的探索更加全面、便捷、高效，这离不开合理的规划和有效的数据分析。规划包括空间和时间的规划，但是我国在空间规划上还有不足之处，需要改进。而数据分析，需要多学科交叉研究，数据可视化和卫星采集海洋数据只是海洋数据分析的冰山一角，海洋调查离不开许多基础学科，例如生物、化学。了解海洋生物习性有助于研究海洋资源中的生物资源。利用化学方法可帮助我们研究海洋中各种海洋学过程。所以，海洋调查需要合理的规划和数据分析，这样我们才能更好地认识和利用海洋。

6.3 海洋化学调查方案设计案例

6.3.1 海洋水质污染要素调查案例

6.3.1.1 调查任务及目标

海洋污染物调查要素包括化学需氧量、生化需氧量、总有机碳、溶解有机碳、重金属、油类、微塑料等。调查的主要目的是监测某海域海洋污染现状，为海洋污染治理提供理论支持，有利于合理开发利用海洋资源，为海洋保护、海洋可持续发展提供数据支撑。

6.3.1.2 调查准备

（1）收集、分析与调查任务有关的文献、资料

针对要进行调查的对象、范围或区域，收集整理现有相关资料，包括历史调查资料、行政区划、自然地理位置、地形地貌、土壤、气候、植被、农林业以及当地的社会人文、经济状况和影响生物物种生存的建筑设施等。根据所收集资料，分析了解调查区域的相关情况，为调查方案和调查计划的编写奠定基础。

（2）组织调查队伍，确定调查技术负责人

充分了解参加人员的专业背景，结合调查地区的实际情况，选择参加人员，确保其有能力真实、准确地完成某一地区或某一类群物种资源调查的相关工作。调查组人员组成要做到人少而精干，专业配置合理，分工明确，并确定调查技术负责人。

（3）调查范围的确定

根据调查对象、目的和任务，结合实际情况，确定开展实地调查的范围和区域。为确保调查的全面性和准确性，应在已划定的调查范围内，适当扩大调查范围。

（4）调查路线、样本地点及样本采集

根据已确定的对象、内容以及调查区域的地形、地貌、海拔、生境等确定调查线路或调查点，调查路线或点的设立应注意代表性、随机性、整体性及可行性相结合：样地的布局要尽可能全面，分布在整个调查地区内的各代表性地段，避免在一些地区产生漏空。

（5）编写调查方案或计划

调查方案或计划包括任务及其来源、技术方案设计、人员组织、时间安排、保障措施、经费预算、工作与生活方面的准备，主要是工具与器材及生活物资的准备。

6.3.1.3 调查内容与方法

（1）调查方法

可根据调查内容及实际需要选择不同的调查方法。

（2）调查时间及频次

每月（至少每季度）调查一次，如有特殊情况可酌情调整调查次数。一般以5月、8月、11月和翌年2月代表春季、夏季、秋季和冬季。

（3）样区设置

根据调查水域及污染程度确定调查时间和调查范围。定点调查站点通常应采用网格状均匀点法，按经纬度布站，也可选择在不同的渔场、不同的资源密度分布区或不同等深线分布区设置断面定点调查站点。航线选择：在保证安全的条件下要选顺风、顺流航距最短的经济航线。

（4）采样

采集海水水样前，应该用水样冲洗采样瓶2～3次，然后将水样收集于采样瓶中，水面距离瓶塞应不少于1.4 cm，以防温度变化时，瓶塞被挤掉。采样瓶浸入水面下0.56～35 cm处，使水缓缓流入采样瓶。如遇水面较宽时，应在不同的地点分别采样，这样才能得到有代表性的水样。在采集较深水样时，应用深水采样瓶。水样采集后，尽快送至实验室进行分析，避免贮存时间过久使水样污染。在各个选定好的采样点采集水样，每块水域采集10～15个水样便于后续实验监测以及减少一定人为误差。

（5）水样保存方法

1）冷藏或冷冻保存。冷藏或冷冻的作用是抑制微生物活动，减缓物理挥发和化学反应速率。

2）加入化学试剂保存。① 加入生物抑制剂：如在测定氨氮、硝酸盐氮、化学需氧量的水样中加入$HgCl_2$，可抑制生物的氧化还原作用；对测定酚的水样，用H_3PO_4调至pH为4时，加入适量$CuSO_4$，即可抑制苯酚菌的分解活动。② 调节pH：如测定金属离子的水样常用HNO_3溶液酸化至pH为1～2，既可防止重金属离子水解沉淀，又可避免金属被器壁吸附；测定氰化物或挥发酚的水样中加入NaOH溶液调pH至12，使之生成稳定的酚盐。③ 加入氧化剂或还原剂。如测定汞的水样需加入HNO_3（至pH<1）和$K_2Cr_2O_7$（0.5 g/L），使汞保持高价态；测定硫化物的水样，加入维生素C，可以防止

硫化物被氧化；测定溶解氧的水样则需加入少量$MnSO_4$溶液和KI溶液固定（还原）溶解氧。

应当注意，加入的保存剂不能干扰后续的测定；保存剂的纯度最好是优级纯，还应做相应的空白实验，对测定结果进行校正。

水样的保存期与多种因素有关，如组分的稳定性、浓度、水样的污染程度等。水样的保存方法和保存期参考《水质 样品的保存和管理技术规定》（HJ 493—2009）。

（6）水样的过滤或离心分离

如果要测定水样中某组分的全量，应充分摇匀后取样测定。如果测定可滤（溶解）态组分含量，所采水样应用孔径为0.45 μm的微孔滤膜过滤，除去藻类和细菌，提高水样的稳定性，有利于水样的保存。如果测定不可滤态的金属，应保留过滤水样用的滤膜备用。对泥沙型水样，可用离心方法处理。对含有机质多的水样，可用滤纸或砂芯漏斗过滤。用自然沉降后取上清液的方法测定可滤态组分是不恰当的。

6.3.1.4 数据统计处理与计算

（1）数据统计

数据统计方法主要有描述性统计分析、相关分析、方差分析、列联表分析、主成分分析。描述性统计分析是指运用制表、分类、图形等概括性数据来描述数据的集中趋势、离散趋势、偏度、峰度。相关分析是研究现象之间是否存在某种依存关系，对有依存关系的现象进行其相关方向及相关程度的探讨。方差分析是用来分析一项实验的影响因素与相应变量的关系，同时考虑多个影响因素之间的关系。列联表分析是用于分析离散变量或定型变量之间是否存在相关性。主成分分析是将彼此相关的一组指标变量转化为彼此独立的一组新的指标变量，并且其中较少的几个新指标变量就能综合反应原有的多个指标变量中所包含的主要信息。可以根据调查内容及目的选择合适的数据统计方法。

（2）数据处理

海洋调查中通常需要采集大量的实验数据，并对实验数据进行记录、整理、计算与分析，从而找出测量对象的内在规律，获得正确的实验结果。因此，数据处理是海洋调查工作中必不可少的环节。常用的数据处理方法有列表法、图示法、图解法、逐差法等。列表法没有统一的格式，但在设计表格时要求能充分反映测量对象的内在规律，能给出正确的实验结果。图示法是利用图线表示被测物理量及它们之间的变化规律的方法，具有简单明了、形象直观、易于发现系统误差的特点，是处理数据的常用方法。图解法作图必须用坐标纸，选取合适的坐标比例和标度，标出数据点，描绘出实验曲线，并写明图线的名称、实验条件。逐差法是针对自变量及因变量均做等量变化时，所测得的有序数据，等间隔相减后取其逐差平均值得到的结果。其优点是充分利用了测量数据，具有对数据取平均值的效果，可及时发现差错或数据的分布规律，及时纠正或及时总结数据规律。可根据实际情况、调查目的及内容选择合适的数据处理方法。

6.3.1.5　撰写调查报告

1）资料报表的编制、绘图。

2）调查报告的编写。调查任务完成后，必须及时整理调查结果，并以标准格式报送有关部门。报告应包括考察的时间、内容、方法和对地区物种资源的现状评价等，以全面、客观、真实地反映调查海域污染程度及污染情况。文字应力求简洁、清晰和准确。

3）调查资料和成果归档。调查资料和成果归档主要包括调查原始资料、验收结论、调查资料报表、调查报告、经费结算报告。

6.3.2　海洋水质常规要素调查案例

6.3.2.1　调查任务与目标

获取某海域海洋的水质要素信息，包括pH、碱度、溶解氧、营养盐、悬浮物等。目的是了解海水水质状况，掌握海水环境质量现状及变化趋势，评价海水环境质量。

6.3.2.2　调查准备

调查准备可以与6.3.1.2一致，也可以根据实际情况和调查目的进行调整。

6.3.2.3　调查内容

调查内容可以与6.3.1.3一致。样品的处理、测定可以按照《海洋监测规范　第4部分：海水分析处理》（GB 17378.4—2007）。海洋中的水质要素受到昼夜变化、月球引力、季度变化、人类活动、更长尺度的气候变化周期的影响，可以选择调查单日变化、月内变化、季度变化、年内变化和多年间变化等不同的调查频次。

6.3.2.4　数据统计处理与计算

数据统计处理与计算可以与6.3.1.4一致。将数据进行统计处理后，依据《地表水环境质量标准》（GB 3838—2002），运用单因子和综合污染指数法及其他评价方法进行水质评价。

6.3.2.5　撰写调查报告

具体内容与6.3.1.5一致。

参考文献

傅幸之，桑劲，矫鸿博.基于海洋空间特征的海洋空间规划技术路径［J］.中国土地，2020（1）：4.

李帅，郭俊如，姜晓轶，等，海洋水文气象多时空尺度资料来源分析［J］.海洋通报，2020，39（1）：24-39.

林静柔，陈蕾，李锋，等.国土空间规划海洋分区分类体系研究［J］.规划师，2021，37（8）：38-43.

麦远帮，邓永亮，游贤武.水中化学需氧量测定方法探讨［J］.中国检验检测，2022（5）：38-40.

谭哲韬，张斌，吴晓芬，等.海洋观测数据质量控制技术研究现状及展望［J］.中国科学（地球科学），2022，52（3）：418-437.

文质彬，吴园涛，李琛，等.我国海洋卫星数据应用发展现状与思考［J］.热带海洋学报，2021，40（6）：23-30.

张晗旭.解析海水中硝酸盐的测定方法［D］.北京：北京工业大学，2016.

中华人民共和国国家质量监督检验检疫总局，中国国家标准化管理委员会.海洋监测规范　第4部分：海水分析：GB 17378.4—2007［S］.北京：中国标准出版社，2007.

周鑫，陈培雄，相慧，等.国土空间规划编制中的海洋功能区划实施评价及思考［J］.海洋开发与管理，2020（5）：19-24.

朱俊江，欧小林，杨悦，等.大洋海底数据可视化和成图设计与分析［J］.地学前缘，2022，29（5）：255-264.